上海市工程建设规范

信息通信架空线缆隐蔽化改造工程技术标准

Technical standard for concealment modification
engineering of aerial telecommunication lines

DG/TJ 08—2404—2022
J 16417—2022

主编单位：上海邮电设计咨询研究院有限公司
批准部门：上海市住房和城乡建设管理委员会
施行日期：2022 年 11 月 1 日

U0348456

同济大学出版社

2023　上海

图书在版编目（CIP）数据

信息通信架空线缆隐蔽化改造工程技术标准／上海
邮电设计咨询研究院有限公司主编. —上海：同济大学
出版社，2023.12
　　ISBN 978-7-5765-0644-0

Ⅰ.①信… Ⅱ.①上… Ⅲ.①通信线路－架空线路－
技术改造－技术标准 Ⅳ.①TN913.31-65

中国国家版本馆 CIP 数据核字（2023）第 241561 号

信息通信架空线缆隐蔽化改造工程技术标准
上海邮电设计咨询研究院有限公司　主编

责任编辑　朱　勇
责任校对　徐春莲
封面设计　陈益平

出版发行　同济大学出版社　　www. tongjipress. com. cn
　　　　　（地址：上海市四平路 1239 号　邮编：200092　电话：021 - 65985622）
经　　销　全国各地新华书店
印　　刷　浦江求真印务有限公司
开　　本　889mm×1194mm　1/32
印　　张　3
字　　数　75 000
版　　次　2023 年 12 月第 1 版
印　　次　2023 年 12 月第 1 次印刷
书　　号　ISBN 978-7-5765-0644-0
定　　价　30.00 元

上海市住房和城乡建设管理委员会文件

沪建标定〔2022〕288 号

上海市住房和城乡建设管理委员会关于 批准《信息通信架空线缆隐蔽化改造工程 技术标准》为上海市工程建设规范的通知

各有关单位：

由上海邮电设计咨询研究院有限公司主编的《信息通信架空线缆隐蔽化改造工程技术标准》，经我委审核，现批准为上海市工程建设规范，统一编号为 DG/TJ 08—2404—2022，自 2022 年 11 月 1 日起实施。

本标准由上海市住房和城乡建设管理委员会负责管理，上海邮电设计咨询研究院有限公司负责解释。

特此通知。

上海市住房和城乡建设管理委员会

2022 年 6 月 27 日

前　言

　　根据上海市住房和城乡建设管理委员会《关于印发〈2019 年上海市工程建设规范、建筑标准设计编制计划〉的通知》（沪建标定〔2018〕753 号）的要求，结合上海市政府架空线入地整治工作和旧住房修缮改造中同步实现既有住宅小区室外架空线入地、小区无线覆盖系统和室内布线隐蔽化改造（以下简称"隐蔽化改造"）的要求，为推进本市信息基础设施在市政道路和既有住宅小区的共建共享，实现道路架空线及小区信息通信设施隐蔽化敷设，美化街道及住宅小区环境，提升本市信息基础设施服务水平而编制本标准。

　　本标准的主要内容有：总则；术语；基本规定；路由规划；架空线缆隐蔽化改造设计；信息通信管道设计；明敷通信管槽系统设计；住宅小区移动通信室外覆盖增强系统隐蔽化改造设计；割接设计；施工要求；工程验收；维护要求等。

　　各单位及相关人员在执行本标准过程中，请注意总结经验，积累资料，并将有关意见和建议反馈至上海市通信管理局（地址：上海市中山南路 508 号；邮编：200010；E-mail：txfz@mailshca.miit. gov. cn）、上海邮电设计咨询研究院有限公司（地址：上海市国康路 38 号；邮编：200092；E-mail：sptdi. sh@chinaccs. cn）、上海市建筑建材业市场管理总站（地址：上海市小木桥路 683 号；邮编：200032；E-mail：shgcbz@163. com），以供今后修订时参考。

主 编 单 位:上海邮电设计咨询研究院有限公司

参 编 单 位:上海山南勘测设计有限公司

主要起草人:刘 健 许 锐 夏 渊 贾 明 严森垒
　　　　　　刘慧华 陆 冰 冯智伟 梁昱峰 许 江
　　　　　　程 磊 叶长青 吴炯翔 冯 妍 叶麒麟
　　　　　　顾小双 苏京平 王晓伟

主要审查人:鄢 勤 张 斌 祁 军 张晓佟 肖 玲
　　　　　　茅惟刚 王达威

上海市建筑业市场管理总站

目 次

Contents

1 总 则

1.0.1 为了适应本市城市信息化发展需要，提升信息基础设施安全等级、服务能力和共建共享水平，满足市容市貌对景观化的要求，制定本标准。

1.0.2 本标准适用于本市道路信息通信架空线入地改造工程、小区信息通信架空线入地隐蔽化改造工程和同期扩建工程的规划、设计、施工、验收及维护，其他架空线隐蔽化改造工程在技术条件相同的情况下也可执行。

1.0.3 本标准的内容包含通信架空线缆改造原则和固定接入、无线覆盖所涉及的有源设备、配套电源、信息通信线缆、配线设施、地下信息通信管道及明敷管槽等的改造技术要求，以及相关防雷接地系统的建设要求；不含有线电视、建筑设备监控及安防等系统，仅在地下信息通信管道、楼内外管槽的容量上为有线电视系统预留布线空间。

1.0.4 信息通信架空线缆隐蔽化改造的规划、设计、施工、验收及维护，除应符合本标准外，尚应符合国家、行业和本市现行有关标准的规定。

2 术 语

2.0.1 光纤到户 fiber to the home

指仅利用光纤媒质连接通信局端和家庭住宅的接入方式,简称为 FTTH。

2.0.2 配线设施 distribution facilities

各类用于光(电)缆连接与分配的分线设备的总称。

2.0.3 驻地网 customer premises network(CPN)

用户驻地网的简称,指从用户驻地(例如住宅小区、园区、商务楼等)业务集中点到用户终端之间的相关通信设施,前接电信业务经营者,后连电信业务消费者,是接入用户的网络末端。

2.0.4 驻地网管道 CPN communication conduit

驻地网信息通信管道的简称,指市政规划红线外的信息通信管道,主要包括建筑规划红线内楼宇、住宅等区域内信息通信管道[含人(手)孔以及引上、引入管]以及建筑物内部管槽等。

2.0.5 驻地网干线管道 CPN trunk conduit

覆盖驻地网内部主干道路,连接小区中心机房或光缆交接箱与各光分路箱或光分纤箱之间的信息通信管道。

2.0.6 驻地网支线管道 CPN brunch conduit

覆盖驻地网内部支线道路的信息通信管道。

2.0.7 光缆交接箱 optical cable cross-connecting cabinet

指公用通信线路网中用于连接主干光缆和配线光缆的设备。

2.0.8 主干光缆 trunk optical cable

指公用通信线路网中,局站至 FP(Flexible Point,灵活分配点)或一级交接点之间的光缆,又称馈线光缆。

2.0.9 配线光缆 distribution optical cable

指公用通信线路网中 FP 至 DP（Distribution Point，分配点）或二级交接点之间的光缆。

2.0.10 驻地网主干光缆 trunk optical cable in CPN

指驻地网中心机房光纤配线架或光缆交接箱至各光分路箱或光分纤箱之间的光缆。

2.0.11 驻地网配线光缆 distribution optical cable in CPN

指驻地网各光分路箱或光分纤箱至户外用户信息终端盒之间的光缆。

2.0.12 引入光缆 drop optical fibre cable

光分路箱或光分纤箱至用户光网络单元（ONU）之间的光缆，本标准特指光分路箱至用户终端信息箱之间的光缆。

2.0.13 高层住宅 high-rise dwelling building

十层及十层以上或高度大于 27 m 的住宅。

2.0.14 中高层住宅 medium high-rise dwelling building

七至九层且高度不大于 27 m 的住宅。

2.0.15 多层住宅 multi-storey dwelling building

四至六层的住宅。

2.0.16 低层住宅 low-rise dwelling building

一至三层的住宅。

2.0.17 别墅 villa

一般带有私家花园的低层独立式住宅。

2.0.18 中心机房 center telecom equipment room

用于安装住宅区内通信设施的设备用房。

2.0.19 电信间 telecommunications room

用于安装住宅单元内通信设施的设备用房。

2.0.20 微基站 small cell

射频发射功率不大于 10 W 的基站，简称微站。

2.0.21 一体化微基站 integrated small cell equipment

基带与射频、天线集成在一起或仅基带与射频集成在一起的微基站设备。

2.0.22 有源天线 active antenna unit

RRU 与天线集成在一起的设备。

2.0.23 室外多业务分布式接入系统 outdoor multiservice distributed access system(MDAS)

由接入单元、扩展单元、远端单元等组成,对馈入的多制式射频信号进行数字化处理,并通过光纤、双绞电缆或同轴电缆传输到需要覆盖的区域,再将数字信号转化成射频信号、采用集成天线的远端单元或远端单元外接天馈线进行室外信号覆盖的系统。

2.0.24 室外馈线分布系统 outdoor feeder distributed system

将基站射频信号通过馈线传输到分布在各目标覆盖区域的天线、实现室外信号覆盖的系统。

2.0.25 室外分布式微站系统 outdoor distributed small cell system

将微型基站射频单元或有源天线或一体化微站分布式设置在室外覆盖增强目标区域、用光纤组网连通各微站设备单元的室外信号覆盖系统。

2.0.26 光分路箱 optical fiber splitter cabinet

设置在住宅楼层,具有光缆成端、分配及分路功能的箱体。

2.0.27 单元型光分路箱 unit-type optical fiber splitter cabinet

可支持单个单元安装或多单元组合安装的光分路箱。单个单元箱体分为布线区和光分路器安装区两部分,适合单运营商独享或最多 2 家运营商共享。

2.0.28 多网合一型光分路箱 multiuser-in-one type optical fiber splitter cabinet

可支持最多 3 家运营商共享的一体化光分路箱。箱体内包括公共的布线区和独立的光分路器安装区。

2.0.29 引上管　the pipe leading to ground

室外地下信息通信管道的人(手)孔至地上建筑物外墙、电杆或室外设备箱间的引接管道。

2.0.30 引入管　entrance pipe of building

室外地下信息通信管道的人(手)孔至建筑物内侧的地下连接管道。

2.0.31 管槽　duct & trunking

住宅建筑物内、外用于布放信息通信线缆的明管、线槽,分为竖向、横向两种,竖向管槽用于跨楼层垂直布线,横向管槽用于同楼层水平布线。

2.0.32 过路盒　pass box

住宅建筑内、外管槽段落之间为方便施工和维护而设的盒体,属于管槽系统的一部分。

2.0.33 户外用户信息终端盒　outdoor subscriber terminal box

设置在住户门框上沿,供引入光缆盘留、入户的盒体,俗称"门头盒"。

3 基本规定

3.0.1 信息通信系统基础设施的隐蔽化改造应能满足电信业务经营者(以下简称"运营商")网络建设的需求,并遵循统一规划、共建共享、协同施工、可靠运营的原则。

3.0.2 信息通信架空线缆隐蔽化改造应根据外部建设环境条件、住宅建筑的类型、功能及现有设备情况、用户需求等,进行相应的通信配套设施设计,设计应考虑为城市的信息通信发展、智能化应用预留空间。

3.0.3 隐蔽化改造工程在改造过程中应充分保证现网安全,最大限度降低对在用业务的影响。

3.0.4 改造后的信息通信线缆应隐蔽化敷设,室外信息通信设施的设置应与周边环境协调,室外箱体宜选择隐蔽处安装。

3.0.5 信息通信架空线隐蔽化改造宜结合本市成片区域开发、城市更新改造、城市道路的新建、改扩和大修工程以及房屋修缮工程同步实施;无法同步实施的,应为后期实施的改造做好接口预留。

3.0.6 隐蔽化改造工程应合理利用资源,节约土地、能源和原材料的消耗,重视历史文物、自然环境和城市景观的保护。

3.0.7 现有铜缆接入方式或光纤到楼(光纤敷设到建筑物楼道,简称"FTTB")的接入方式应在改造过程中统一升级为光纤到户(FTTH)的接入方式,原有业务应做同步迁移。

3.0.8 公寓式住宅和老式里弄住宅应采用二级分光架构,别墅类住宅可维持原有分光架构不变。

3.0.9 实施架空线缆隐蔽化的改造过程中,有条件的线缆应先优化合并然后入地。

3.0.10 新建光缆交接箱宜整合多家运营商需求合并设置，经论证不具备合箱条件的可独立设置。

3.0.11 架空线缆隐蔽化改造工程建设范围应遵循下列规定：

1 重点区域架空线入地应成片整治。

2 重要路段架空线整治范围除该道路本身还应包括与之交叉的道路，范围宜根据相关道路的管道及架空杆路条件自路口向相关交叉道路延伸 30 m～60 m。

3 与整治路段架空线路由关联度高的其他道路架空线应同步实施入地。

4 整治道路沿线且具备条件的小区宜同步实施小区内信息通信线隐蔽化改造。

5 旧住房综合改造项目实施时应同步实施小区内信息通信线隐蔽化改造。

3.0.12 隐蔽化改造完成后应同步拆除废弃的线缆、配线设施、钢绞线、铁件和架空杆路，并应完成对施工中破坏的路面、绿化和其他公共设施的修复。

3.0.13 规划有宏基站但未落实的住宅小区应随改造提供宏基站建设设施。

3.0.14 隐蔽化改造工程通信设施的建设分工宜按表 3.0.14进行。

表 3.0.14　隐蔽化改造工程通信配套设施建设分工

序号	建设项目	建设范围、内容	实施单位
1	地下信息通信管道	市政道路共享的信息通信管道[包括人(手)孔及引上、引入管]	市信息管线公司
		综合杆配套管道	综合杆建设单位
		运营商与自有管线沟通的管道	运营商
		驻地网管道(含接口井)	房屋修缮单位
		驻地网接口井以外的信息通信管道	市信息管线公司或运营商

序号	建设项目	建设范围、内容	实施单位
2	管槽系统	小区建筑物内外的管槽	房屋修缮单位
3	信息通信线缆	市政道路上改下的信息通信线缆及扩容线缆	线缆权属单位
		小区红线内新建的驻地网主干、配线光缆	线缆权属单位
		引入光缆	房屋修缮单位或协商
4	配线设施	光缆交接箱	线缆权属单位
		小区内单元型、多网合一型光分路箱	房屋修缮单位
		其他独享配线设施	线缆或设备权属单位
		光分路器	线缆或设备权属单位
5	有源设备	—	设备权属单位
6	线缆割接	—	线缆权属单位
7	系统割接	光路系统割接、业务割接、用户平移	运营商或业务提供商
8	有源设备拆除	MDU设备、移动通信设备等	设备权属单位
8	线缆及设施拆除	拆除架空线缆、钢绞线、架空铁件、架空杆路、架空配线设施	线缆、杆路权属单位
9	修复工程	市政道路路面、绿化修复	路政、绿化单位
		小区道路路面、绿化修复,建筑内外修补、粉刷	房屋修缮单位

3.0.15 工程设计中应选用符合有关技术标准的定型产品,以及经国家和行业认可的产品质量监督检验机构鉴定合格的设备及材料,并根据隐蔽化改造工程的特点,可选用符合电信行业发展导向的新产品、新工艺。

3.0.16 线缆进入建筑时,孔洞封堵应满足下列要求:

1 进入机房的线缆所经路由上的孔洞均应做防火封堵。

2 进入住宅建筑并穿越住宅单元防火分区分隔墙的墙洞、楼板洞均应做防火封堵。

3 进入高层及中高层建筑的线缆所经垂直路由上的楼板洞均应做防火封堵,水平路由上穿越住宅单元防火分区分隔墙的墙洞均应做防火封堵。

3.0.17 机房、住宅建筑内敷设的线缆应采用非延燃型外护套。

3.0.18 住宅建筑内外布放的管槽应采用阻燃材料;住宅建筑外墙明装的塑料制品应具备抗紫外线辐射和抗老化性能,金属制品应选用镀锌铁件或不锈钢等具备防锈性能的材料。

3.0.19 隐蔽化改造工程新安装通信设施应满足现行抗震设防的相关规定。

3.0.20 光缆交接箱、光分路箱或光分纤箱等配线设施箱体内的高压防护装置应采用截面积不小于 16 mm^2 的多股铜线与该楼层接地体可靠连接,室外落地安装的箱体应与基础内预埋的接地体可靠连接,单独设置接地线的,接地电阻不应大于 10Ω。

3.0.21 安装于建筑物内的金属过路箱(盒)、金属管路、金属桥架均应有接地措施,采用共用接地体时,接地电阻不应大于 1Ω。

3.0.22 光缆进入配线设施箱体,光缆的金属构件应与箱体内的高压防护装置可靠连接,连接线的截面积不应小于 6 mm^2。

3.0.23 网络基础数据的维护应结合割接、日常巡检、维护抢修等项目进行。如有数据变更,维护单位应在相应项目实施完成后的 3 个工作日内完成竣工资料的修改和资源库的数据更新。

4 路由规划

4.1 线路路由规划

4.1.1 线路路由的选择应结合网络系统的整体性,做到安全可靠、经济合理,且便于施工和维护。

4.1.2 选择线路路由时,应以现有的地形地物、建筑设施和既定的建设规划为主要依据,并应充分考虑城市发展规划的影响。

4.1.3 信息通信线路路由的选择应充分考虑建设区域内文物保护、环境保护等事宜,减少对原有水系及地面形态的扰动和破坏,维护原有景观。同时将工程对沿线居民的影响降低到可接受的范围内。

4.1.4 信息通信线路路由的选择应考虑强电影响,不宜选择在易遭受雷击、化学腐蚀和机械损伤的地段,不宜与电气化铁路、高压输电线路和其他电磁干扰源长距离平行或过分接近。

4.1.5 市政道路信息通信架空线入地路由规划应按下列要求进行:

    1 现有信息通信冗余管孔数满足本次架空线入地及远期信息通信发展需求时,利用冗余管孔直接入地。

    2 冗余管孔数不能满足本次架空线入地及远期信息通信发展需求,且道路具备管道扩容条件的,应在原路由扩建管道后仍按原路由入地。

    3 本路段权属单位冗余管孔数少于2孔且周边道路冗余管孔资源较为丰富的路段,过路架空线缆应首选迂回路由入地。

4.1.6 驻地网主干光缆路由应短捷、平直,并宜选择在用户密集的住宅建筑群体附近经过。

4.2 管道路由选线勘测及路由规划

4.2.1 市政道路管道建设前应进行选线勘测,收集工程范围内的地形及综合管线资料,必要时还应了解管道工程基础影响深度范围内的地层分布情况。涉及的区域范围包括但不限于下列方面:

    1 道路纵向沿施工路段涵盖两端路口。

    2 道路横向至红线外 15 m 或至第一排建筑物边线。

    3 道路交叉路口延长至道路停止线以外 60 m。

4.2.2 选线勘测收集的资料内容应包括但不限于下列内容:

    1 道路上各类杆件、箱体、城市家具的位置、属性。

    2 地下管线的类别、平面位置、走向、埋深(或高程)、偏距、规格、材质、载体特征、建设年代、埋设方式、权属单位等。

    3 地下障碍物平面范围及深度,包括建(构)筑物、市政、交通、水利等设施基础形式及围护结构。

4.2.3 选线勘测时应查明施工区域工程地质、水文地质情况,应至少包括下列内容:

    1 查明场地的地形、地貌、地层岩性等特征。

    2 查明沿线的暗浜、坑塘、低洼地带等不良地质条件及特殊土的性质和分布范围,评价其对工程的影响并提出处理措施及建议。

    3 查明地下水、地表水的分布、埋深、水力联系、地下水补排关系,判定地下水、土对基础及管材等建筑材料的腐蚀性。

    4 对于涉及长度大于 200 m 的定向钻进的管道工程,应重点查明管道钻进区间影响深度范围内的地质条件,并宜提供设计所需岩土物理力学参数。

4.2.4 管道路由和管孔容量应结合现状和远期发展需求确定,并应充分利用已有的管道资源,制订最优方案。

4.2.5 管道路由应选择障碍最少、施工维护方便的区域。

4.2.6 过路管应根据路由所经区域用户远期发展需求合理预埋,避免重复开挖。

4.2.7 管道路由应远离化学腐蚀或电气干扰严重的地带,无法避免时应采取防腐措施。

4.2.8 隐蔽化改造工程管道路由宜选择绿化带及人行道,不宜选择车行道及停车位。

4.2.9 信息通信管道与其他地下管线及建筑物间的最小净距应符合现行国家标准《通信管道与通道工程设计标准》GB 50373 的有关规定。对于地下空间无法满足以上要求的驻地网管道,在确保人身及现有设施安全的前提下,可酌情缩减最小净距并采取相应保护措施,但必须确保施工操作安全所需的净距。

4.2.10 信息通信管道在地下断面规划布局时,应符合现行国家标准《城市工程管线综合规划规定》GB 50289 的相关规定。

5 架空线缆隐蔽化改造设计

5.1 一般规定

5.1.1 架空线缆隐蔽化改造设计应根据城市总体规划要求,结合相关专业规划及权属单位网络建设、业务发展需求,在充分调研现状的基础上编制。

5.1.2 设计应本着"因地制宜、以线带面、整体规划、分步实施"的原则,设计方案应具有适当的前瞻性。

5.1.3 隐蔽化改造工程住宅用户应采用基于 PON 的 FTTH 接入方式,非住宅用户宜维持原有光纤接入技术。

5.1.4 相关路段无管道资源或已有管孔资源不足且有条件新建或扩容管道时,应新建或扩容信息通信管道,管孔容量应为今后各类需求接入以及技术和网络的发展留有足够的余量。

5.1.5 引上管应根据架空线入地的需求在共享原则下集中设置,容量应满足沿线用户的远期需求。

5.1.6 地下空间不足且无条件新建地下管线设施时应充分利用现有地下管线冗余管孔,通过线路方案优化、腾退铜缆、并孔等多种技术手段实现架空线入地。

5.1.7 通信架空电缆本着"光进铜退"的原则不再入地,暂不能平移的业务宜采用直接配线的方式(即电缆不经过交接设备,直接接到分线设备的一种配线方式)解决。

5.1.8 信息通信架空线缆隐蔽化改造工程的线缆走向方案应以路由规划为依据。

5.1.9 新建的光缆容量应能满足 3 年～5 年服务年限需求且有适当余量。

5.1.10 竖井内敷设光缆、馈线、屏蔽双绞线、光电混合缆等线缆时应使用弱电竖井，不应使用强电、风管、水管管井。

5.1.11 楼内外通信管槽路由应避开《上海市历史文化风貌区和优秀历史建筑保护条例》中规定的不得改变的区域。

5.1.12 信息通信架空线拆除后无法通过管道方式解决的个别沿线用户接入需求可采用微槽浅埋等新工艺解决。

5.1.13 隐蔽化改造工程新建光缆交接箱/光分路箱应根据原有光缆交接箱/光分路箱覆盖范围、进出光缆交接箱/光分路箱的远期光缆总容量、备用量及"光进铜退"所需平移的业务容量确定。

5.1.14 光缆交接箱、光分路箱箱体应有防尘、防水、防冲击及防盗性能。室外箱体密封性能应达到 IP55 级要求，且宜选择下进线方式；室内箱体密封性能应达到 IP53 级要求。

5.2 配线设施的设置及选型

Ⅰ 光缆交接箱

5.2.1 光缆交接箱的安装位置应选择相对隐蔽、安全、通风、不影响交通、不影响市容观瞻、不遮挡景观视线和住户采光的室内外场所或小区绿化区域，并应避免设置在易积水的低洼地、高温或腐蚀性地带、景观水域的岸边等显著影响光缆交接箱安全的地方。

5.2.2 市政道路架空线入地涉及原光缆交接箱迁移时，新安装的光缆交接箱设置区域应按照下列优先顺序选址：

　　1 道路两侧的建筑场所内。

　　2 道路两侧绿地内。

　　3 其他隐蔽、安全的场所，如周边建筑夹弄内、靠墙位置、小区红线内等。

　　4 道路公共设施带。

5.2.3 小区光缆交接箱宜设置在小区光缆覆盖区域的中心部位或光缆交汇处，且应靠近人（手）孔设置。光缆交接箱周边 1.5 m

范围内应无影响通行的障碍物。

5.2.4 落地安装的室外光缆交接箱应与地下管道沟通,挂墙的光缆交接箱宜安装在引上管正上方。

5.2.5 落地箱体基础工艺要求应符合下列要求:

   1 落地交接箱基础距离人(手)孔应不超过 10 m,基础内应预埋无缝钢管。

   2 基础高出地表部分应为梯形,离地高度应为 150 mm。

   3 砌筑基础时应预埋接地极,地线的接地电阻不应大于 10 Ω。

   4 基础与管道、箱体间应有密封防潮措施。

5.2.6 历史保护建筑及对建筑外立面景观要求高的建筑物不得将配线箱体挂外墙安装。

5.2.7 箱体表面应光洁、色泽均匀,不应出现任何紧固件。放置在绿化带或其他有景观要求的箱体,外表面涂层颜色宜与周边环境协调。安装于小区道路边的箱体,底部宜喷涂反光标志条。

5.2.8 箱体正面应有权属单位企业标识,位置宜统一设置在左上角。标识符号、汉字或英文字母高度等应规范、统一。

Ⅱ   小区光分路箱和光缆接头箱

5.2.9 光分路箱应结合不同住宅形态、安装空间进行设置,并遵循下列规定:

   1 室内光分路箱应安装在楼道等公共区域,且宜靠近楼内垂直布线通道。

   2 室外挂墙光分路箱应靠近引入光缆进户点,且宜靠近室外布线通道安装。

   3 室外落地光分路箱宜安装在小区绿化区域等不影响交通的场所。

5.2.10 光分路箱应由布线区和光分路器设备安装区组成,并采用 SC 型光活动连接器。各功能区最多可容纳的光缆和槽位数应符合表 5.2.10 的要求。

表 5.2.10 光分路箱功能区要求

光分路箱类型	布线区	光分路器安装区
单个单元型光分路箱	32 根引入光缆	4 槽位^注
多网合一型光分路箱	96 根引入光缆	12 槽位

注:单槽位可安装的光分路器最大光分比为 1:8。

5.2.11 公寓式住宅和老式里弄光分路箱的所辖用户数、尺寸及安装楼层应符合表 5.2.11 的要求。构成组合箱体的单元箱数不应超过 3 个,箱体所辖用户数超过 24 户时应分不同楼层安装。

表 5.2.11 光分路箱设置要求

光分路箱类型		所辖住宅用户		箱体最大尺寸 (高×宽×深) (单位:mm)	安装楼层
		公寓式住宅	老式里弄		
单元型光分路箱	单运营商独享	≤24 户/单元箱体^{注1}	≤12 户/单元箱体^{注1}	205×490×150	原箱体处
	2 家运营商共享	≤12 户^{注2}/单元箱体		205×490×150	多层:2层或3层;高层:单向所辖楼层不超过5层
	3~4 家运营商共享	≤12 户/2 单元组合箱体		410×490×150	多层:2层或3层;高层:单向所辖楼层不超过5层
		≤24 户/3 单元组合箱体		615×490×150^{注3}	
多网合一型光分路箱	3 家运营商共享^{注3}	≤32 户	—	380×480×140	多层:2层或3层;高层:单向所辖楼层不超过5层

注:1 单个箱体所辖用户数超过本表数据时,应增加箱体单元。
　　2 当所辖用户数超过 12 户时,宜选用单运营商独享模式。
　　3 当超过 3 家运营商共享箱体时,每增加 1 家及以上运营商应增加 1 个单元型光分路箱。

5.2.12 光分路箱的不同功能区域均应安装独立门锁,门锁应有良好的抗破坏性。

5.2.13 别墅类住宅光分路箱和光接头箱宜采用落地式安装。公寓式住宅、老式里弄光分路箱和光接头箱宜采用壁挂式明装,安装高度宜符合下列要求:

    1 建筑物外墙挂墙箱体底边距地坪不宜小于 2.0 m。

    2 室内公共通道挂墙箱体底边距本层地坪不宜小于 1.5 m。

    3 公寓式多层建筑底层电信间挂墙箱体底边距地坪宜为 0.3 m。

5.2.14 共享型箱体应有相应的共享标识,独享型箱体应有相应运营商企业标识。

5.2.15 箱体其他要求应符合现行行业标准《光缆分纤箱》YD/T 2150 的相关规定。

5.3 城市道路信息通信架空线入地

5.3.1 城市道路信息通信架空线入地改造应根据本市确定的重点区域、重要路段以及各区划定的道路范围进行现有信息通信管孔资源、架空线路、配线设施的排摸。

5.3.2 架空线路排摸内容应包含权属单位、路由、光(电)缆接头盒位置、杆高、架空及落地配线设施、线缆容量等信息。

5.3.3 城市道路地下信息通信管孔资源排摸内容应包含权属单位、管材规格、管孔总容量、冗余管孔数等信息。

5.3.4 城市道路信息通信架空线入地设计应优先选择原线路路由;若原线路路由信息管孔资源紧缺,则可就近采用迂回路由。

5.3.5 城市道路信息通信架空线入地线路路由设计范围应在原有光缆段长范围内(通常不超过光缆盘长)。

5.4 小区信息通信线缆隐蔽化改造

5.4.1 隐蔽化改造小区信息通信线缆建设方案应根据运营商提供的小区红线范围内完整的线缆排摸资料(含过路光缆)并结合"光进铜退"的原则进行设计。

5.4.2 小区驻地网光缆宜采用交接配线方式。驻地网主干光缆容量宜根据上联 PON 口需求按 1:1.2~1:1.5 配置,且不宜小于 12 芯;驻地网配线光缆的容量应按照所覆盖的物理住宅用户数结合各运营商远期覆盖目标配置,单根配光缆容量宜不大于 96 芯。

5.4.3 小区驻地网光缆的拓扑结构应采用树形结构。

5.4.4 用户引入光缆容量应按不低于电信业务在用用户数 1:1 配置,别墅类住宅可按 1:2 配置。对于因退铜引起的纯语音业务割接,宜额外配置相应芯数。

5.4.5 小区驻地网线缆在穿越楼板洞时,光(电)缆应与蝶形引入光缆分管孔敷设。

5.4.6 电缆在线槽内应与蝶形引入光缆分槽位敷设。

5.4.7 各运营商的光缆接头盒(箱)应按照光缆分支需要合理设置,不同运营商的接头盒不得集中在同一人(手)孔内,手孔内不超过 1 个,人孔内不超过 4 个。不同规格人(手)孔内最多设置的光缆接头数量及人(手)孔内光缆接头处每侧光缆的预留长度应符合表 5.4.7 的要求。

表 5.4.7 人(手)孔内光缆接头设置数量及光缆预留长度要求

序号	人(手)孔规格 长×宽×深(mm)	设置接头数量(个)	接头每侧光缆 预留长度(m)
1	760×780×800	≤1	≤3
2	1 200×600×800	≤1	≤3

序号	人(手)孔规格 长×宽×深(mm)	设置接头数量(个)	接头每侧光缆 预留长度(m)
3	700×900×1 000	≤1	≤3
4	1 200×900×1 200	≤2	≤5
5	1 500×900×1 200	≤4	≤5
6	1 800×1 200×1 800	≤4	≤7

5.4.8 小区驻地网各段光缆在配线设施处应做成端接续。光缆为成端所预留的长度宜为:中心机房内 3 m～5 m;交接箱前人(手)孔内 3 m;配线箱内 1 m～2 m。

5.4.9 引入光缆在出线槽处盘留长度宜为 2 m,在户外用户信息终端盒内盘留长度宜为 1 m。

6 信息通信管道设计

6.1 路由、管位和段长的确定

6.1.1 配合隐蔽化改造工程新建的信息通信管道路由设计及各类沟通管的预留除应满足现有架空线入地线缆割接的需要、沿线用户信息通信业务发展的需要以及社区和城市的智慧化建设的需要外,还应与沿线综合管道、现有信息通信网相贯通。需连通的管道均为在建工程时,应由后施工的一方负责沟通管的建设。

6.1.2 市政道路信息通信管位宜在人行道下,小区通信管位宜在绿化带下。通信管位不宜选择车行道及停车位,且不宜与电力、燃气管安排在道路的同路侧。

6.1.3 市政道路信息通信管道埋深要求应符合现行国家标准《通信管道与通道工程设计标准》GB 50373 的有关规定;小区驻地网管道埋深要求应符合现行上海市建设规范《住宅区和住宅建筑通信配套工程技术标准》DG/TJ 08—606 的有关规定。当埋深达不到要求时,应采用相应保护措施。

6.1.4 地下通信管道与其他地下管线及建筑物间的最小净距应符合现行国家标准《通信管道与通道工程设计规范》GB 50373 的有关规定。通信管道与房屋基础(地下部分)最小平行净距应符合表 6.1.4 的要求。

表 6.1.4 通信管道与房屋基础(地下部分)最小平行净距表(m)

序号	住宅类型		基础突出建筑外墙宽度	最小平行净距[注]
1	低层住宅	平房	0.2	1.8
2		2~3 层	0.6	1.5

序号	住宅类型	基础突出建筑外墙宽度	最小平行净距[注]
3	多层、中高层及高层住宅	1.0	1.5

注:当多层、中高层及高层住宅最小平行净距无法满足本表要求时,应对房屋建筑采取必要的保护措施。

6.1.5 管道段长的选择应以减少人(手)孔设置为首要因素,以开挖方式建设的管道,市政道路塑料管道的段长市区宜不大于100 m,郊区宜不大于200 m,驻地网管道段长宜不大于80 m。

6.1.6 外径110 mm 的塑料管曲率半径不应小于10 m,外径小于50 mm 的塑料管曲率半径不应小于塑料管外径的15 倍。同一段管道不应有反向弯曲(即 S 形弯曲)或弯曲部分的中心夹角小于90°的弯管道(即 U 形弯曲)。

6.2 管材、管孔容量和管群设计

6.2.1 信息通信架空线缆隐蔽化改造工程中地下信息通信管道可选的材料应包括塑料管和无缝钢管,设计应根据管道建设环境和管位选用。不同管材的规格和适用范围应符合表 6.2.1 的规定。

表 6.2.1 管材选用

管材		常用规格(外径/内径,公称口径)(mm)	适用范围
塑料管	双壁波纹管	Φ110/100	除车行道和引上以外均适用
	实壁管 高强度聚氯乙烯管(MPVC-T)	Φ110/100 Φ70/60(可做引上管用) Φ50/42(可做引上管用)	除以下场景外均适用: 1)十字交叉路口; 2)埋深达不到规范要求的横向过路预埋管; 3)落地光交基础预埋引入管

管材			常用规格(外径/内径, 公称口径)(mm)	适用范围
塑料管	实壁管	高密度聚乙烯 实壁管(HDPE)	Φ110/100、Φ50/42	1) 非开挖; 2) 车行道下小弯曲场景
	硅芯管(Si)		Φ40/33、Φ50/42、Φ63/54	1) 空间局促、狭小,无法以 管群方式通过的障碍点; 2) 曲率半径远于小 10 m
钢管	无缝钢管(Fe)		φ102、 φ89(可做引上管用)	1) 车行道下,穿越主干车行 道的横向、过路预埋管; 2) 交接箱管道接入; 3) 杆上、墙上引上管

6.2.2 管孔容量应在满足架空线入地的线缆布放需求的基础上,结合今后通信业务发展和各类智能化应用做适当预留。不同段落的管孔需求数可参见表 6.2.2。当驻地网管道中 1、2、3 段落同路由时,应考虑共用因素酌情减少总管孔数。运营商在用其他业务根据线缆入地需求应首先利用已分配的管孔资源,已分配资源不足时可按需增加。

表 6.2.2 管孔容量参考

管道类型	序号	段落	管道容量(孔)	备注
市政道路 管道	1	城市快速道路(红线宽 度≥50 m)	4~9	—
	2	城市主干道路(50 m>红 线宽度≥42 m)	6~12	—
	3	城市次干路(42 m>红线 宽度≥32 m)	2~6	—
	4	城市支路(32 m>红线宽 度≥20 m)	1~3	—
	5	与综合杆支线管道沟 通段	不宜少于 3 孔	具体容量按需建设

续表6.2.2

管道类型	序号	段落	管道容量(孔)	备注
驻地网管道	1	公用电信网管道至驻地网接口井	(1~2)/运营商	各运营商按需建设
	2	驻地网接口井至光缆交接箱	1~2	—
	3	驻地网干线管道	≥N+2	N代表所涉及的运营商数量，小区监控用2孔
	4	驻地网支线管道	2~5	管孔共享，末梢方向逐段递减

6.2.3 驻地网干线管道的管孔应指定相应的使用单位。

6.2.4 管道的管外径不应小于110 mm，但现场条件不具备时可采用外径不小于50 mm的小口径管材替代。折算方法按一大孔对应四小孔折算。

6.2.5 管群组合宜按现行行业标准《通信管道横断面图集》YD/T 5162的规定排列，且宜采用矩形排列，管群标准排列宜符合表6.2.5的要求。

表6.2.5　管群标准排列

管群数量(孔)	2	3~4	5~6	7~9	10~12	13~16	17~24	25~30
行数	1	2	2~3	1~3	3~4	4	4~6	5
列数	2	1~2	2~3	2~4	3~4	3~4	4~6	5~6

6.2.6 管道引入建筑的方式应采用地下敷设引入管方式。条件不具备时，在不影响建筑结构和美观的前提下，也可采用外墙暗敷或明敷引上管引入方式。

6.2.7 引上管的设置应符合下列要求：

1　室外明敷的引上管颜色宜与周边环境颜色协调，安装时不应破坏建筑外立面的景观。

2 市政道路上配合架空线入地的引上管同一引上点不宜超过 5 根,且管材应选用 φ89 mm 及以上的镀锌钢管。

3 市政道路上配合架空线入地的引上管不宜选择在交叉路口建筑沿街外墙上安装。

4 驻地网管道引上管容量不宜小于 2 孔,管材宜选用 MPVC－T 管或无缝钢管,在有机动车通行的道路两侧等易受机械外力损伤的环境安装时,应采用无缝钢管。引上管/引入管的管孔容量及管径选择可参见表 6.2.7。

表 6.2.7　建筑物单元引上管、引入管的管孔容量及管径

建筑物类型	建筑物外墙引上管			建筑单元引入管		
	管材	管径注(mm)	容量(孔)	管材	管径(mm)	容量(孔)
别墅住宅	—	—	—	MPVC－T	Φ50	1
				Fe	φ50	
低层住宅	MPVC－T	Φ50、Φ70	2～3	MPVC－T	Φ50、Φ70	2～3
	Fe	φ76		Fe	φ76	
多层住宅	MPVC－T	Φ50、Φ70	2～4	MPVC－T	Φ50、Φ70	2～4
	Fe	φ76		Fe	φ76	
中高层住宅	Fe	φ76	3～5	Fe	φ76	3～5
高层住宅	Fe	φ76	3～6	Fe	φ76、φ89	3～6

注:塑料管管径 Φ 指外径,钢管管径 φ 指公称口径。

6.2.8 引上管安装应符合下列要求:

1 驻地网管道引上管应用混凝土包封保护,市政道路引上管可用砌体砌筑包封。包封高度应为 300 mm。

2 市政道路管道引上管安装高度不应小于 2.5 m,且不宜安装在围墙上。

3 驻地网管道引上管端口部分应高于地面 300 mm,并与垂直线槽通过对接件相连。

4 驻地网引上弯管与直管套接处及直管与墙壁固定处应采

用 C30 混凝土包封底座,底座应高出地坪 250 mm,包封厚度不应小于 50 mm。

    5 驻地网管道采用外墙暗敷引上管时,引上管转接至楼内处需在外墙安装壁嵌式过路箱,箱体底部与室外地坪高度宜为 300 mm~3 000 mm。

6.2.9 引入管的设置应符合下列要求:

    1 公寓式住宅应每个单元建设引入管,老式里弄应根据光分路箱的需求建设引入管。

    2 引入点宜选择光分路箱所在的单元并靠近光分路箱的安装位置;当邻近单元与光分路箱所在单元之间的沟通管槽有足够的空间时,也可选择邻近单元。

    3 引入管与进入建筑物的其他地下管线最小净距应满足现行国家标准《通信管道与通道工程设计规范》GB 50373 的有关规定。当无法满足上述要求时,应采取相应的保护措施。

    4 引入管的位置不应选择在房屋建筑的伸缩缝附近,应避免穿越建筑物的主要结构或承重墙等关键部位以及其他设备的基础。如不得已必须穿越时,不应在管道上增加钢筋混凝土过梁、在承重墙上砌筑砖拱,可采用厚壁钢管等管材或在管道外加筑厚度不小于 80 mm 的混凝土包封形成整体结构。

6.2.10 管道进入人孔或建筑物时,靠近人孔或建筑物侧应做长度为 2 400 mm 的水泥底板基础和全包封。

6.3 人(手)孔设置

6.3.1 在管道拐弯处、设有光缆交接箱处、交叉路口以及需敷设引上管、引入管处宜设置人(手)孔。

6.3.2 人(手)孔不应设置在建筑物的主要出入口、停车位、货物堆积、低洼积水等处。

6.3.3 小区接入至公网的接口人(手)孔应选择便于与各运营商

原有管道沟通及主干光缆进出的位置。

6.3.4 在地下空间条件许可的前提下,人(手)孔位置应与其他相邻管线及管井保持距离,并相互错开。

6.3.5 人孔墙体应采用混凝土预制砖,并应采用1:3水泥砂浆砌墙体,基础应采用C20级混凝土,上覆应采用C20级混凝土预制板。手孔墙体可采用混凝土预制砖,也可采用机制砖。

6.3.6 进入人孔处的管道基础顶部距人孔底部不宜小于400 mm,管道顶部距人孔上覆底部的净距不应小于300 mm,进入手孔处的管道基础顶部距手孔底部不宜小于200 mm。

6.3.7 人(手)孔规格的选用可参见表6.3.7-1和表6.3.7-2。市政道路两路管道交叉点处的人孔尺寸应选大一档。因客观建设条件无法满足时,可适当调整人(手)孔尺寸,调整范围应符合表6.3.7-1和表6.3.7-2要求;当无法满足时,可选小一档规格的人(手)孔。当接头手孔调整成非接头手孔时,还应另外补充接头手孔数量。

表6.3.7-1 市政道路管道人(手)孔规格选用

序号	管道管孔数(孔)	人(手)孔内净尺寸		用途	备注
		类型	长×宽×深[注](mm)		
1	1~2	手孔	400×300	设置于引上管末端,不设光缆接头	监控杆/信号灯杆引上
2	1~2		500×500		
3	1~2		600×600	设置于引上管末端,不设光缆接头	1) 监控杆/信号灯杆引上;2) 建筑外墙或通信架空杆引上
4	3~4		800×800	设置于引上管末端,可设光缆接头不超过1只	
5	3~4		1 200×900	可设光缆接头2只,可供最多24根光缆做不超过3 m的盘留	—

序号	管道管孔数(孔)	类型	长×宽×深^注(mm)	用途	备注
6	1~4	人孔	1 500×900×1 200（预制砖）		—
7	5~6		1 800×1 200×1 800（预制砖）		—
8	7~9		2 000×1 400×1 800（预制砖）	—	—
9	10~24		2 400×1 400×1 800（预制砖）		—
10	25~36		3 000×1 500×1 800（预制砖）		—

注：手孔深度根据现场情况确定，接头手孔深度不应小于 0.6 m，非接头手孔深度不宜小于 0.3 m。

表 6.3.7-2　驻地网管道人(手)孔规格选用

序号	管道管孔数(孔)	类型	长×宽×深^注（mm）	长×宽×深允许最小尺寸（mm）	用途
1	1~3	手孔	400×300	—	不设光缆接头，仅作引上管、引入管敷设线缆用
3	2~4		600×600	500×500	不设光缆接头，可供光缆做不超过 3 m 的盘留
4	3~6		760×780（预制砖）	—	可设光缆接头不超过 1 只，可供最多 12 根光缆做不超过 3 m 的盘留
5	3~6		900×700	—	可设光缆接头不超过 1 只，可供最多 24 根光缆做不超过 3 m 的盘留

序号	管道管孔数(孔)	人(手)孔内净尺寸			用途
		类型	长×宽×深^注（mm）	长×宽×深允许最小尺寸（mm）	
6	3～6	手孔	1 200×600	—	可设光缆接头不超过1只,可供最多24根光缆做不超过3m的盘留
7	4～6		1 200×900（预制砖）	1 000×800	可设光缆接头不超过2只,可供最多24根光缆做不超过3m的盘留
8	6～9	人孔	1 500×900×1 200(预制砖)	1 300×800×900	可设光缆接头不超过4只,可供最多72根光缆做不超过5m的盘留
9	9～12		1 800×1 200×1 800(预制砖)	1 800×900×1 200	可设光缆接头不超过4只,可供最多48根光缆做不超过7m的盘留

注:手孔深度应根据现场情况确定,接头手孔深度不应小于0.6m,非接头手孔深度不宜小于0.3m。

6.3.8 人(手)孔的盖框承载等级及材料的选择应符合表6.3.8的要求。

表 6.3.8 人(手)孔的盖框承载等级及材料选择

人(手)孔盖框承载等级	建议材质	人(手)孔位置
A50(手孔)	复合材料	1)市政道路绿化带、人行道和隔离带引上管末端; 2)住宅小区绿化带、人行道、非机动车道等禁止机动车驶入的场所
B125(手孔)	复合材料	1)市政道路绿化带、人行道和隔离带引上管末端; 2)住宅小区绿化带、人行道、非机动车道等禁止机动车驶入的场所

续表6.3.8

人(手)孔盖框承载等级	建议材质	人(手)孔位置
B125(手孔)	球墨铸铁	1) 市政道路绿化带、人行道和隔离带引上管末端; 2) 住宅小区支路、停车场、仅有轻型机动车或小型车行驶的区域
C250(人手孔)	复合材料	绿化带、人行道等禁止机动车驶入的场所
	球墨铸铁、铸铁、钢纤维增强混凝土	1) 市政道路非机动车道; 2) 住宅小区支路、停车场、仅有轻型机动车或小型车行驶的区域
D400(人孔)	球墨铸铁、铸铁、钢纤维增强混凝土	1) 城市主路、公路、高等级公路上的车辆行驶区域; 2) 住宅小区内主干道路上的车辆行驶区域

6.3.9 人(手)孔盖应有防滑、防跌落、防位移、防噪声等措施。

6.3.10 市政道路上机房前、主干道路交叉口处的人(手)孔盖宜采用防盗措施。

6.3.11 人(手)孔盖应有明显的产权标识,共建管道应有相应的共建标识。

6.3.12 对景观有特殊要求的路段,需对人(手)孔盖框进行美化或采用定制的人(手)孔盖框时,相关产品应满足本标准第 6.3.8～6.3.11 条的要求。

7 明敷通信管槽系统设计

7.1 管槽系统设计

7.1.1 高层、中高层和公共部位空间允许的公寓式建筑宜选用线槽,公共部位空间狭小的公寓式、里弄式建筑或用户密度低的住宅建筑宜选用明管。

7.1.2 室外布放的明管应选圆形,室内用于穿放蝶形引入光缆的明管宜选 C 形,用于穿放其他缆线的应选圆形。

7.1.3 管槽系统除应与引入点、光分路箱、户外用户信息终端盒沟通外,还应与小区移动通信覆盖增强系统、有线电视等设备在楼内的安装点沟通。

7.1.4 管槽系统安装位置应选在建筑公共部位,垂直上升点应利用竖井或楼梯间等隐蔽处,安装位置应不影响居民出入且不得靠近高温和易受机械损伤的位置。垂直上升点利用建筑内其他垂直通道时,垂直通道应满足防火及通信设施安装、维护要求。

7.1.5 管槽应尽可能减少室外敷设的长度。

7.1.6 因房屋结构导致水平布线通道有阻断、用户分布跨距大导致水平布线长度超过 90 m 时,应增加垂直上升点。多个垂直管槽至少应在设备层、光分路箱和接头箱所在楼层通过水平线槽进行沟通。

7.1.7 线槽规格应按远期布放线缆数量确定,并应满足远期线缆填充率不大于 80%,垂直线槽末梢规格应与相对应的水平线槽规格相匹配。

7.1.8 室外线槽进入建筑物的位置宜选在引上管的正上方,或尽量靠近引上管,有设备层的建筑应选择在地面一层的设备层进楼。

7.1.9 管槽系统应远离电力电缆敷设,与电力电缆的最小间距应符合表 7.1.9 的要求。

表 7.1.9 管槽系统与电力电缆的最小间距(mm)

类别	与管槽系统接近状况	最小间距
380 V 电力电缆 <2 kV・A	与管槽平行敷设	130
	有一方在接地的金属槽盒或钢管中	70
	双方都在接地的金属槽盒或钢管中	10注
380 V 电力电缆 2 kV・A~5 kV・A	与管槽平行敷设	300
	有一方在接地的金属槽盒或钢管中	150
	双方都在接地的金属槽盒或钢管中	80
380 V 电力电缆 >5 kV・A	与管槽平行敷设	600
	有一方在接地的金属槽盒或钢管中	300
	双方都在接地的金属槽盒或钢管中	150

注:双方都在接地的槽盒中,系指两个不同的线槽,也可以在同一线槽中用金属板隔开,且平行长度不大于 10 m。

7.1.10 管槽系统与建筑内外其他管线的最小间距应符合表 7.1.10 的要求。

表 7.1.10 管槽系统与建筑内外其他管线的最小间距(mm)

序号	其他管线名称	平行净距	垂直交叉距
1	避雷引下线	1 000	300
2	保护地线	50	20
3	给水管	150	20
4	压缩空气管	150	20
5	热力管(不包封)	500	500
6	热力管(包封)	300	300
7	燃(煤)气管	300	20

7.1.11 管槽在穿越墙体时,应采用外径不小于 $\Phi40$ mm 的过墙保护管;从室外穿越建筑外墙的管口应内高外低,倾斜度不应小于 2.5%,内外墙应安装墙洞保护装置。

7.1.12 管槽穿越楼板洞处应采用外径不小于 $\Phi40$ mm 的过楼层保护管,孔数不应小于 2 孔。保护管外应覆盖线槽或连接件。

7.1.13 管槽水平路由设计宜满足下列要求:

1 管槽路由宜选公共部位管线较少的天花板、侧墙面等位置,但净高小于 2 200 mm 的建筑不应选择天花板。

2 室外管槽底部宜距地坪 3 000 mm～7 000 mm。

3 室内沿侧墙安装的管槽顶部距天花板不宜小于 50 mm,底部距地面不宜小于 50 mm;吊挂式安装的线槽顶部距天花板不宜小于 300 mm,在过梁或其他障碍物处不宜小于 100 mm。

7.1.14 线槽盖板应选用翻盖式,线槽所经路由不应有妨碍翻盖开启的障碍物。室外线槽连接件应采用封闭式结构。

7.1.15 线槽的规格及容量配置可参见表 7.1.15。

表 7.1.15 线槽的规格及容量配置(mm)

线槽类别		最小尺寸(宽×高)	穿越楼板的管孔径及数量	容量	备注
线槽	垂直	110×75	2×$\Phi50$	槽位 50 mm 内敷设 48 芯以下光缆不大于 12 条 或 SYWV-75-9 型的同轴电缆不大于 12 条	—
				槽位 50 mm 内敷设蝶形引入光缆不大于 96 条	—
		150×40	3×$\Phi40$	大槽位 100 mm 内敷设 48 芯以下光缆不大于 12 条 或 SYWV-75-9 型的同轴电缆不大于 12 条	—
				小槽位 40 mm 内敷设蝶形引入光缆不大于 96 条	—

线槽类别		最小尺寸（宽×高）	穿越楼板的管孔径及数量	容量	备注
线槽注	水平	60×40	—	槽位 25 mm 敷设 SYWV-75-9 型的同轴电缆不大于 4 条或蝶形引入光缆不大于 12 条	与尺寸为 110×75 的垂直线槽配套（适合吸顶安装）
				槽位 25 mm 内敷设蝶形引入光缆不大于 16 条	
		62×60	—	槽位 26 mm 敷设 SYWV-75-9 型的同轴电缆不大于 6 条或蝶形引入光缆不大于 24 条	—
				槽位 26 mm 内敷设蝶形引入光缆不大于 24 条	
		65×30	—	大槽位 35 mm 敷设 SYWV-75-9 型的同轴电缆不大于 4 条或蝶形引入光缆不大于 18 条	与尺寸为 150×40 的垂直线槽配套（适合沿墙钉固）
				小槽位 20 mm 内敷设蝶形引入光缆不大于 12 条	
		75×40	—	大槽位 45 mm 敷设 SYWV-75-9 型的同轴电缆不大于 6 条或蝶形引入光缆不大于 36 条	
				小槽位 20 mm 内敷设蝶形引入光缆不大于 12 条	

注：线槽分割为两槽位，大槽位、小槽位是指线槽内部被分隔的空间。

7.1.16 明管可选用圆形或 C 形，并应选用硬质管。明管规格及容量配置可参见表 7.1.16。

表 7.1.16　明管的规格及容量配置(mm)

类别	尺寸(外径)	容量
圆形明管	Φ20	敷设单芯蝶形引入光缆不大于 4 条或 SYWV-75-5 型的同轴电缆不大于 1 条
	Φ25	敷设单芯蝶形引入光缆不大于 6 条或 SYWV-75-5 型的同轴电缆不大于 1 条
	Φ32	敷设单芯蝶形引入光缆不大于 8 条或 SYWV-75-5 型的同轴电缆不大于 1 条
	Φ50	敷设单芯蝶形引入光缆不大于 8 条或 SYWV-75-5 型的同轴电缆不大于 1 条
	Φ70	敷设 12 芯以下光缆不大于 8 条
C形明管	Φ20	敷设单芯蝶形引入光缆不大于 6 条
	Φ25	敷设单芯蝶形引入光缆不大于 9 条
	Φ32	敷设单芯蝶形引入光缆不大于 12 条

7.2　管槽要求

7.2.1　塑料线槽外形应选择矩形,且应符合下列规定:

　　1　线槽应适用于各种安装方式,安装方式参见本标准附录 A。

　　2　线槽应选用密封型,线槽的密封性能应达到 IP34 级要求。底板应有满足多家运营商多线缆同路由敷设的分隔装置。

　　3　线槽外形应扁平、美观,颜色与建筑物楼内外墙面及其他安装设备协调。

　　4　线槽的盖板应具备可翻转开启的功能。翻转开启时,翻转角度应大于 90°,并可在大于 90°范围内固定。在开启处盖板与线槽的拉脱力不应小于 40 N。

　　5　线槽应有安装所需的完整配件,如连接用的直通、三通套管和变径直通套管,以及各种转弯连接件、封堵件。线槽和配件的材质和颜色应一致。

    6   线槽用于垂直沿墙订固和吸顶安装时,内部应有固定或绑扎线缆用的固定件。

7.2.2 建筑物明敷塑料管槽使用的材料应选用耐燃或非燃材料制成的耐火型材料,阻燃性能应符合现行行业标准《难燃绝缘聚氯乙烯电线槽及配件》QB/T 1614 的有关规定。

7.2.3 户外用户信息终端盒体积应满足用户引入光缆的盘留要求,长×宽×深的尺寸不应小于 130 mm×130 mm×25 mm。

7.2.4 壁嵌式过路盒的长×宽×深的尺寸不应大于 200 mm×150 mm×100 mm,宜采用金属材质,室外安装时宜采用不锈钢材质。

8 住宅小区移动通信室外覆盖 增强系统隐蔽化改造设计

8.1 隐蔽化改造原则

8.1.1 改造工程应根据住宅建筑的类型、功能、环境条件及现有设备情况、用户需求等,进行相应的通信配套设施设计,应考虑为小区信息通信发展预留空间。

8.1.2 居民小区移动通信架空线隐蔽改造应按照"同步征询、同步设计、同步实施、同步验收、同步移交、统一施工"的原则,紧密配合居民小区综合整新工程、与有线信息通信架空线改造同步进行。

8.1.3 住宅小区移动通信设施隐蔽改造应包括小区内既有室外移动通信覆盖增强系统非隐蔽安装的光(电)缆、非统一设置的明敷管道、配电箱等的改建,以及由此引起的信源设备和光缆配线箱部署改造、随改造工程新增的室外覆盖增强系统建设,并应在地下信息管道、楼内竖向和横向明管的管孔容量需求中为其他系统做适当预留。

8.1.4 移动通信覆盖增强系统隐蔽改造宜与有线通信系统统筹设计,共享槽盒、配线箱、管道等配套设施,同路由部署时各运营商应共享使用,并可采用设备和网络共享。

8.1.5 移动通信覆盖增强系统隐蔽改造应满足本系统网络的良好覆盖,其他移动通信系统存在弱覆盖且需要新建室外分布系统、小区灯杆站等的,宜同步实施。

8.1.6 移动通信覆盖增强系统应选用技术先进、覆盖效率高、性价比优的系统类型和组网架构,已有室外多业务分布式接入系统(MDAS 系统)宜保持原有系统组成,已有室外馈线分布系统宜改造为分布式微站系统,新增室外分布系统应优选分布式微站系统;改造设计应优先沿用已有路由组织,利用原有点位的安装和配套资源。

8.1.7 移动通信覆盖增强系统隐蔽改造应选择小型化、一体化的微站或有源天线设备,应优选便于部署和维护的光纤、光电混合缆、屏蔽双绞电缆等线缆类型。

8.1.8 实施信息通信系统隐蔽改造的居民小区应预留移动通信覆盖用管孔资源;小区实施覆盖增强宜采用表 8.1.8 规定的方式,应预留相关微站等设备安装和线缆路由、电源接入等资源。

表 8.1.8 住宅小区覆盖增强方式

住宅小区类型	总层数	覆盖增强方式
多层住宅	5~6	分布式微站
高层、中高层住宅	≥7	楼顶及沿墙微站、室内覆盖系统
老式里弄	≤3	微站挂壁径向覆盖、室内覆盖系统
新式里弄、别墅	2~4	街道站辅助覆盖

8.2 隐蔽化改造技术要求

8.2.1 改造前应对小区移动通信覆盖质量进行测试评估,改造后覆盖性能应符合现行上海市工程建设规范《住宅区和住宅建筑通信配套工程技术标准》DG/TJ 08—606 的规定。

8.2.2 已有室外分布系统改造设计应符合下列要求:

    1 应基于原有拓扑结构、充分利用已有资源重新规划。

    2 微站扩展转接设备及前传汇聚设备应优先设置于原有分布系统设备汇聚机房或电信间。

    3 在满足覆盖质量前提下,MDAS 或微站设备安装位置宜选在原 MDAS 系统终端设备或馈线分布系统的天线位置,需新增、调整安装位置的宜选择公共区域外墙或楼顶,MDAS 或微站设备外观应与小区建筑协调。

4　室外覆盖增强系统穿过小区道路、绿化带至楼宇引上管的地下线缆应敷设在小区信息通信系统的统一管网中,小区中应设置移动通信用光缆配管 2 孔,各运营商应共孔分缆使用。改造中新增灯杆站、草坪景观天线等设施时应敷设由小区管网至设备位置的地下管道,小区杆站设置应符合现行上海市工程建设规范《住宅区和住宅建筑通信配套工程技术标准》DG/TJ 08—606 的规定。

5　引上管至挂墙设备安装位置应设置垂直及水平的管槽连通,楼顶安装设备的宜通过楼内管槽连通,管槽应与其他管槽统筹考虑;管槽应采用小区改造统一的隐蔽式管道槽。

6　改造中小区覆盖增强系统设备之间的连接线缆需穿越道路的,应设置穿越道路的地下管道及设备至地下管道的沿墙隐蔽式排管,线缆设计长度应考虑改造后的路由迂回。

7　室外覆盖增强系统非采用 POE 方式供电的有源设备应从最近的单元楼内就近引用电源,设备电源引入应优先利用原有点位设备使用的配电箱和电缆路由,应重新核算设备用电负荷及电源开关容量,必要时应更换或新增配电箱;电缆应采用隐蔽式管道敷设。

8　替换、改造和新建室外光缆配线箱、落地机柜应符合小区隐蔽改造工程的统一要求、与周边环境协调,进出线缆应敷设于隐蔽式管槽或采用地下走线方式。

9　电源线应采用金属槽盒或钢管独立敷设。

8.2.3　基站、直放站、MDAS、配线箱等设备应避免设置在潮湿、扬尘、通风不良的场所。

9 割接设计

9.1 系统割接

9.1.1 系统割接前应先制订割接设计方案。割接设计方案应对光口连接、纤芯路由、电路情况等做描述和规划。方案中还应包含割接不成功的应急回退预案或备选方案,并确定回退的触发机制。

9.1.2 系统割接应满足下列要求:

1 系统割接方案应充分利用现网资源,节约投资,降低施工难度,缩短施工周期。

2 割接方案应保证网络质量,割接后的网络服务质量不应低于割接前。

3 系统割接应尽可能减少设备的调整,割接时间应安排在夜间或休息日。

4 割接顺序应遵循"先站内后站间、先网内后网间"的原则。

9.1.3 施工应遵循下列步骤进行:

1 安装新增的信源设备、扩展单元、射频单元、传输设备等,线缆布放到位、设备调测完毕并做好标签。

2 链路测试。

3 新建移动通信覆盖增强系统调测。

4 旧设备拆除。

9.1.4 对涉及在线扩容、割接和带电作业的工程,施工单位应与维护单位商定实施方案、保护措施和应急方案,做好安全防范措施,保证工程顺利进行。

9.1.5 优化成环或者破环加点的设备割接应先确保业务倒换的

可操作性及合理性。割接时应分单边逐步操作,将割接对网元及业务的影响降至最低。

9.1.6 在用系统需调整至迂回路由的,应先测试迂回路由传输性能,确保在用系统一次割接成功。

9.2 线缆割接

9.2.1 割接前线缆权属单位应牵头编制专项割接方案。

9.2.2 割接方案应至少包含以下内容:线缆路由现状、割接后的路由、线缆配纤方案、影响的业务或用户、割接起止时间、割接步骤、测试要求、成功失败判断、失败回退步骤及其他安全注意事项。

9.2.3 线缆割接应在计划时间内完成,确保现网用户的业务恢复。如发生问题延误割接进度,应提前预判割接是否能按时完成;如无法按时完成,应及时按失败回退步骤恢复线缆。

9.2.4 市政道路跨行政区的信息通信线缆割接应统筹安排,同步实施割接。

9.2.5 光缆割接点的选择应符合下列规定:

    1 市政道路架空线入地线缆割接点应选在原接续处。

    2 住宅小区光缆交接箱利旧时,应选择光缆交接箱配线光缆成端处割接。

    3 住宅小区光缆交接箱新建时,应在新旧光缆交接箱之间敷设临时光缆进行用户平移,再在新建光缆交接箱主干光缆成端处和主干光缆原有接续处割接。

10 施工要求

10.1 一般规定

10.1.1 架空线缆隐蔽化改造施工应按照新建管道和管槽、敷设光缆、安装设备、系统和线路割接、拆除原有设备和设施、架空线及杆路的先后顺序进行。以上工程的施工均应满足对应的设计文件要求。

10.1.2 设计交底前施工人员应先熟悉和检查施工图纸,掌握设计要求,对施工图有疑问或发现差错应及时提出意见或建议。

10.1.3 设备、线缆、配套设施的拆除应符合现行行业标准《通信设施拆除安全暂行规定》YD 5221 的规定。

10.1.4 建设单位和施工单位应加强安全管理,确保人身、网络安全。施工单位应编制施工组织方案及安全生产事故应急预案,并采取切实有效的安全生产保护措施。

10.1.5 施工过程中施工人员应增强环境保护意识,提倡绿色环保的施工工艺,应有效控制扬尘和噪声,减少对城市交通和市容环境及居民生活的影响。

10.2 器材检验

10.2.1 施工前应进行器材检验,并应记录器材检验的结果。

10.2.2 工程所用器材的程式、规格、数量、质量应符合设计文件要求,无产品合格证、出厂检验证明材料、质量文件,及经器材检验不合格或与设计要求不符的器材不得在工程中使用。

10.2.3 钢管的内径负偏差不应大于 1 mm,管材内壁应光滑、无节疤、无裂缝,不得有锈片剥落或严重锈蚀。各种钢管的管身及管口不得变形,接续配件齐全有效,套管的承口内径应与插口外径吻合。

10.2.4 制作人(手)孔盖框的材料应符合现行国家标准《检查井盖》GB/T 23858 中对相应材料的要求。

10.2.5 线缆及光器件检验应符合下列要求:

1 产品包装应完整,光缆、馈线、跳纤外护套应无损伤,端头封装应完好,出厂资料应齐全。

2 光缆 A、B 端标识应正确、明显。

3 光缆开盘后应先检查光缆外表有无损伤,端头封装应完好。对每盘光缆进行盘测,将实测数据与出厂的检验报告进行核对。所有测试的数据应保存归档。

4 每根跳纤及尾纤中的光纤类型应有明显标记,并附有出厂检验测试技术数据,活动连接器端面应配有合适的防尘帽保护。

5 光纤活动连接器、光纤机械接续器、馈线接头及其他接插件的部件应完整,材质应符合设计要求。

6 光纤活动连接器的型号、规格、数量、安装位置应与设计相符,插入衰耗及其他各项技术指标应符合现行行业标准《光纤活动连接器》YD/T 1272 的规定。

10.2.6 共享型配线设施的空间分隔应符合设计文件要求。

10.2.7 塑料管槽材料应符合下列要求:

1 管槽产品应有出厂合格证。

2 管槽内外壁应平整、无气泡、无明显损伤、无明显杂质和杂色,以及损坏线缆的锐利部位。

3 线槽断面切割应平整,无裂口、毛刺并与管轴线垂直。

4 线槽的盖板应在盖紧后用手或简单工具就能打开且不损伤线槽。

10.3 通信管道的施工

10.3.1 施工单位施工前应根据工程需要做好施工准备工作,开挖前应进行地下管线探测,必要时可打样洞。

10.3.2 通信管道的测量应按照设计文件及城市规划部门已批准的相关文件进行。

10.3.3 开挖沟槽、地基处理、基础规格、管道规格程式、管群断面组合、包封规格等,应符合设计文件及相关标准要求。

10.3.4 管道沟沟底宽度宜为管群底板基础宽度每侧各加80 mm。

10.3.5 塑料管道的埋深达不到设计要求时,应采用钢管保护或敷设水泥预制盖板。

10.3.6 敷设 PVC 双壁波纹管、MPVC–T 塑料管、硅芯管道时,应采用 C15 级混凝土全包封,包封厚度应为 50 mm。

10.3.7 敷设 3 孔以上钢管管道时,应采用 C15 级混凝土全包封,包封厚度应为 50 mm;3 孔及以下仅在钢管接头处用 C15 级混凝土做包封,钢管暴露部分应做防锈处理。

10.3.8 钢管接续前,应将管口磨圆或挫成坡边,管口应光滑、无棱、无毛刺,接续处应用长为 400 mm 的钢套管套接,不得用电焊焊接。

10.3.9 引上管和引入管规格程式和安装应符合设计文件要求。

10.3.10 引上管在墙壁安装时,上端口应用 U 型卡卡固;在架空杆上安装时,应每隔 500 mm 用 Φ4.0 mm 镀锌铁线绑扎。

10.3.11 引上管暗敷时应符合下列要求:

1 暗管敷设宜与建筑外墙改建同步施工。

2 在距暗管两端 300 mm～500 mm 处应各设 1 个固定点,高度大于 2 m 时还应每隔 1 m 加设 1 个固定点。

3 进入同一箱体超过 1 根时,引上管间距不应小于 15 mm。

10.3.12 开挖人(手)孔坑、基础、砌体形状、尺寸、管道窗口安装应符合设计要求。

10.3.13 回填土应在相应施工程序完成并待管道基础、包封和人(手)孔养护期满和隐蔽工程检验合格后进行,夯实密实度应符合政府部门相关规定。

10.3.14 施工过程中应保证所涉及的其他地下构筑物或建筑物的安全。

10.3.15 管道工程的验收应符合下列规定:

　　1 市政道路信息通信管道的工程验收应由建设单位会同施工单位、监理单位、交付使用的权属单位共同进行。

　　2 驻地网管道在管道覆土前应由建设单位会同施工单位、监理单位、交付使用的权属单位共同进行中期验收,竣工后进行终验。

10.4 管槽的施工安装要求

Ⅰ 线槽安装要求

10.4.1 线槽的规格、材质及敷设安装位置应符合设计要求。

10.4.2 线槽应在以下位置设置固定点:

　　1 沿墙钉固方式安装的直线段金属线槽应每隔 3 m 设置 1 处,塑料线槽应每隔 1 m 设置 1 处。

　　2 托臂支撑方式和吊挂方式安装的直线段线槽应每隔 1 m～2 m 设置 1 处。

　　3 距线槽终端 0.5 m 处。

　　4 转弯处。

10.4.3 线槽跨越建筑物变形缝处应设伸缩补偿装置。

10.4.4 线槽配件及连接件的安装应符合下列规定:

　　1 槽体、盖板与各种配件连接时,接缝处应严实平整。

　　2 线槽及连通型配件应紧贴建筑物固定点。

　　3 线槽的终端应采用封堵头封堵。

10.4.5 线槽安装完成后,直线部分的平直度和垂直度的允许偏差不宜超过 5 mm。

Ⅱ 明管安装要求

10.4.6 明管的规格、材质应符合设计要求。

10.4.7 明管安装应排列整齐,横平竖直且固定点的间距均匀。管卡与终端、转弯中点、过路配件、光分路箱的边缘距离应为 100 mm~300 mm,直线段管卡的最大间距应符合表 10.4.7 的要求。

表 10.4.7 明管直线段管卡允许最大间距

管卡最大间距(m) 敷设方向	公称直径(mm) 15~20	25~40	50 及以上
水平	0.8	1.2	1.5
垂直	1.0	1.5	2.0

10.4.8 每户水平明管的数量、管材配置应符合设计文件要求。

10.4.9 管路直线段每隔 30 m、段长超过 15 m 并且有 2 个 90°弯角,入户时应加装 1 个过路盒/终端盒。入户处的过路盒/终端盒应安装在原入口处或距原入口不小于 100 mm 处。

10.4.10 管路弯曲敷设时,每一段内弯曲不应超过 2 次,且不应有 S 弯。明管弯曲段弯曲半径应大于管外径的 10 倍,管外径小于 $\Phi25$ mm 时弯曲半径应大于管外径的 6 倍。

10.4.11 硬塑料管连接的接口处应用接头套管,并用胶合剂粘接。

Ⅲ 户外用户信息终端盒和壁嵌式过路箱安装要求

10.4.12 户外用户信息终端盒和壁嵌式过路箱的规格、材质及安装高度应符合设计要求。

10.4.13 户外用户信息终端盒应固定良好,背板四周边缘应紧贴墙面。

10.4.14 壁嵌式过路箱安装应符合表 10.4.14 的要求。

表 10.4.14　壁嵌式过路箱的安装要求

实测项目	要求	允许偏差(mm)
箱标高	平齐	±5
箱子固定	垂直	±2
箱口与墙面	平齐	最大凹进深度≤10

10.5　信息通信设施的安装要求

10.5.1 信息通信设施的安装应按照设计文件的要求,箱体安装应牢固、安全、可靠。安装完成后箱体应无损伤、掉漆等现象,安装有源设备的通信设施位置应便于调测、维护和散热。

10.5.2 落地箱体基础的砌筑应符合下列规定:

　　1 基础的位置、尺寸、预埋件及砌筑工艺要求应符合设计文件规定。

　　2 引上钢管进入基础时应呈一字形排列。

　　3 基础四角应根据箱体底座要求预埋地脚螺栓。

　　4 基础高出地表部分应涂与箱体颜色一致的油漆。

10.5.3 通信设施箱体安装应符合下列规定:

　　1 落地箱体底座应通过地脚螺栓与基础衔接结实,缝隙用水泥抹八字。箱体的垂直偏差不应大于 3 mm。

　　2 明挂箱体应与墙体良好固定。

　　3 壁嵌式箱体安装完毕后外边沿应紧贴墙面。

10.5.4 移动通信设施的安装应符合下列规定:

　　1 设备与器件接口应做好防水密封处理,空置的端口应接匹配负载或防尘帽。

2 天线、一体化设备与其他系统天线的间距应符合设计要求。

10.5.5 各类设施的标识标签应按相关标准的要求设置。

10.6 信息通信线缆布放要求

10.6.1 通信线缆的规格、型号和结构应符合设计要求。

10.6.2 通信线缆应按照设计文件的要求布放,走线应牢固、美观,不得有交叉、扭曲及裂损现象,并应满足不同类型线缆的绑扎固定要求。

10.6.3 通信线缆在管道内敷设所占用的管孔应按设计或权属单位分配的位置,并宜按"先下后上、先两侧后中间"的顺序使用。线缆在各相邻管道段所占用的孔位应相对一致;当需改变孔位时,其变动范围不宜过大,并应避免由管群的一侧转移到另一侧。

10.6.4 光缆进入落地配线设施箱体后应将管孔与光缆之间的缝隙以及箱内空管孔的上、下管口封堵完好。

10.6.5 墙壁线路敷设高度应符合现行国家标准《通信线路工程设计规范》GB 51158 的相关规定。

10.6.6 市政道路引上通信线缆的敷设应符合下列规定:

1 穿放引上通信线缆前,引上管内应按需穿放塑料子管,塑料子管伸出引上管上端口不应少于 300 mm,另一端应延伸至人(手)孔。塑料子管管口应做封堵处理。

2 通信线缆在架空杆引上时,高出引上管端口部分应每隔500 mm 用扎线与杆体绑扎固定。

10.6.7 新立架空杆的接地应符合现行国家标准《通信设计线路工程设计规范》GB 51158 的相关规定。采用明布方式敷设接地线的引上杆,接地线应与引上管一并绑扎,并引至地线棒。

10.6.8 通信线缆在管槽敷设时应符合下列规定:

1 在管内穿放线缆前,应按照设计文件规定检查管径、管位,并穿放引线。

2 驻地网线缆在穿越楼板洞时,光(电)缆应与蝶形引入光缆分管孔敷设。

3 电缆在线槽内应与蝶形引入光缆分槽位敷设。

4 线缆在同管槽敷设时,应最后敷设蝶形引入光缆。

5 在线缆进出线槽部位、转弯处应绑扎固定;垂直敷设缆线时,每隔 1 m 处应增加固定 1 次;水平敷设时,每隔 5 m～10 m 处应增加固定 1 次(若水平线槽为吸顶安装,则每隔 1 m 处应增加固定 1 次)。

6 线缆在线槽内不应有接头。

7 线缆敷设完毕应保证线槽盖板闭合完好。

10.6.9 线缆敷设完毕应在以下位置挂标识牌或做好标识标签:

1 局(室)内线缆在地下进线室内子管与光缆交接处、光缆引上处和传输机房(或中心机房、电信间)光缆终端处。

2 管道线缆在每个人孔内子管与光缆交接处。

3 架空线缆直线段每 5 杆档以及转弯、接头、终端杆处。

4 挂墙线缆在钢绞线终端处。

5 配线设施箱体内线缆终端处。

10.6.10 移动通信线缆的连接头应牢固安装、接触良好,并应做防水密封处理。

10.7 光缆测试

10.7.1 光缆段竣工测试指标应符合设计文件规定,并应包括下列内容:

1 光纤线路衰减系数及传输长度。

2 光纤通道总衰减。

3 光纤后向散射曲线。

中继光缆段光纤偏振模色散系数应按设计要求测试。

10.7.2 光纤线路衰减宜采用后向散射法测试,衰减系数值应为双向测量的平均值。

10.7.3 光纤后向散射曲线应有良好线形且无明显台阶,接头部位应无异常线形。光时域反射仪打印光纤后向散射曲线应清晰无误。

10.7.4 光纤通道总衰减宜测量光纤通道任一方向的总衰减,应包括光纤线路损耗和两端连接器的插入损耗。测得的总衰减值应符合设计要求。

10.7.5 入户光缆应做通断测试。

10.7.6 光缆竣工测试应做好相应记录。

10.8 系统割接及线路割接施工要求

10.8.1 系统割接施工中当需要进行更换电源开关和进行电源割接工作时,应依据设计文件中的方案进行,实施前应仔细核实和检查申请报告和割接步骤,并提交建设单位;实施中应由机房动力维护人员和监理人员进行监督和检查,并应保证其他在网设备的安全。

10.8.2 线缆割接应待线缆工程竣工且初验合格后方能进行。

10.8.3 线缆割接前应做好以下工作:

    1 线缆割接前应确保新建光缆敷设完毕,光缆性能测试应符合设计要求。

    2 熟悉设计意图和设计方案,制订施工割接方案。

    3 摸清现网业务和用户及新、旧设备的情况,做好告知和协调工作。

    4 做好光缆纤序的校对工作。

10.8.4 线缆割接应严格按已批准的施工割接方案确定的步骤执行,未得到上一步的确认不能进行下一步的工作。

10.8.5 线缆测试应随同割接同步进行,确保线缆链路衰耗符合设计要求。

10.8.6 割接后的线序应符合设计要求。

10.8.7 割接完毕应及时做好记录。

10.9 线路及设施拆除要求

10.9.1 线缆拆除应确保原有用户全部腾空后方可进行。

10.9.2 架空线路的拆除应按照先拆除架空线缆、再拆除架空杆路的顺序进行；无缆架空杆路的拆除顺序应为：吊线→拉线→铁件→电杆。

10.9.3 拆除作业区应根据安全生产要求设置警示牌和围栏等防护设施，以避免电杆、钢绞线、线缆及施工器具等危及周围行人、车辆的安全。

10.9.4 实施拆除作业时应采取必要的防尘、降噪等环保措施，降低对周边环境的影响。

10.9.5 线缆及配线设施拆除应符合下列规定：

  1 拆除线缆前，施工人员应依据设计图纸对待拆除的架空线缆的数量、程式、规格等进行现场确认与核对，若出现与设计不一致的情况，应及时告知相关监理及设计人员确认。

  2 在电力输电线路附近进行拆除信息通信架空线缆和杆路作业时，必须采取相应防护措施，保持安全隔距，在确保人身及通信线路安全的同时，还应确保电力输电线路的安全不受影响。

  3 架空杆上终端、交接设备拆除时，应做好杆下防护，防止物品坠落。拆除的终端、交接设备应用安全绳顺下。

  4 拆除过程中应对可以再利用的光缆、铜缆、接头盒等材料做必要的保护，拆除后应对材料进行清理，并与权属单位代表共同清点、核对后运送到指定地点存放；废弃材料应根据环保部门的要求堆放至指定地点。

10.9.6 架空杆路拆除应符合下列规定：

1 上杆前，应先检查杆根部是否牢固，若有倾倒可能，必须在拆除线缆前打临时拉线稳固杆路。

2 待拆杆路对毗邻建筑或其他设施可能造成影响时，应预先对该建筑或设施采取相应保护措施之后方可实施拆除。

3 拆除杆路前，应有措施和方案，防止触碰附近电力线和其他设施。

4 人工拆除杆路必须用绳索拉住，防止自由倾倒。使用吊车拔电杆应先试拔，若不动，可能是杆根设有横木或卡盘，此时，不得再用吊车拔电杆。

5 拆除过程中应对可以再利用的电杆做必要的保护，拆除后应对材料进行清理，并与权属单位代表共同清点、核对后运送到指定地点存放；废弃材料应根据环保部门的要求堆放至指定地点。

10.9.7 挂墙钢线拆除应符合下列规定：

1 上建筑物和拆除钢绞线前，应先进行察看或了解情况，确认牢固可靠，方可上去作业。

2 拆除时，先用绳索拴牢拉住，剪断或松脱后慢慢松绳索放下。

3 拆除过程中应对可以再利用的钢绞线及相应固定件做必要的保护，拆除后应对材料进行清理，并与权属单位代表共同清点、核对后运送到指定地点存放；废弃材料应根据环保部门的要求堆放至指定地点。

4 墙上支撑铁件拆除后应对墙洞进行防水封堵，也可用切割机切除铁件墙外部分。拆除后，应对墙体外观进行修复。

10.9.8 拆除过程中应注意人身、现有设施安全，施工应文明有序进行，避免干扰道路交通、行人及小区内居民的正常生活。所有拆旧材料应及时清理运走，不得随意丢弃在道路或小区内。

10.9.9 拆除完成后施工单位应及时清理现场杂物及施工机具，通知相关部门进行后续修复工作。

11 工程验收

11.1 竣工资料编制要求

11.1.1 测试项目及技术指标应符合国家、通信行业和本市标准和有关设计的要求。

11.1.2 工程竣工后，施工单位在工程验收前应将工程竣工技术资料提交建设单位或监理单位。

11.1.3 竣工技术资料应内容齐全、数据准确，应包括并不限于以下内容：

    1 安装工程量。

    2 工程施工说明。

    3 设备、器材明细表及相关资料。

    4 竣工图纸。

    5 各种测试记录（宜采用中文表示）。

    6 设备和主要器材检验记录。

    7 工程变更、检查记录及施工过程中的洽商记录。

    8 随工验收记录。

    9 隐蔽工程签证。

    10 工程决算。

11.1.4 竣工技术文件应与施工实物相符，做到外观整洁、内容齐全、资料准确。

11.1.5 验收中发现的由施工单位造成的不合格项目的返修整改资料应归入竣工文件。

11.2 检验项目内容及验收要求

11.2.1 施工前对设备和器材检验的抽查应按表 11.2.1 执行。

表 11.2.1 设备和主要器材检验的抽查量

序号	抽查项目	常规抽查数量	发现问题增查数量	最小抽查数量
1	移动通信设备	100%		全部
2	光缆配线设施（光缆交接箱、光分路箱、光缆接头箱等）	1) 型号规格 100%； 2) 出厂检验报告及合格证书、安装使用说明书 100%； 3) 箱体外观 100%； 4) 配件及其他附件 100%	10%	2 只
3	光缆	1) 型号、规格 10%； 2) 纤芯盘测 100%； 3) 出厂检验报告和合格证 100%	型号、规格 20%	1 盘
4	光分路器	1) 光分路比 100%； 2) 出厂检验报告和合格证书 100%	100%	100%
5	活动连接器	1) 型号规格 100%； 2) 出厂检验报告和合格证 100%	100%	100%
6	尾纤及跳纤	1) 型号规格 100%； 2) 出厂检验报告和合格证 100%	100%	100%
7	光缆接续器材	5%	5%	1 套
8	水泥预制品	3%	3%	1) 大顶 1 套； 2) 底盖板 10 块； 3) 甲、乙砖各 10 块
9	塑料管材	3%	3%	10 根

序号	抽查项目	常规抽查数量	发现问题增查数量	最小抽查数量
10	钢管和钢筋	3%	3%	10 根
11	水泥	3%	3%	5 包
12	砂石料	3%	3%	0.5 t
13	砖	3%	3%	10 块
14	管槽及其配件	1) 型号、规格 10%； 2) 出厂检验报告及合格证书、安装使用说明书 100%； 3) 管槽外观 10%； 4) 配件 10%	1) 型号、规格 10%； 2) 管槽外观 20%； 3) 配件 20%	每种规格 2 根

注:1 设备用量不大,应按 100%全部进行检验。

    2 主要器材的检验经过常规抽查,如发现质量问题必须加倍抽查检验,如再发现问题应按不合格产品处理。

    3 水泥预制品的检验,在抽查量中有 90%达到标准即为合格;否则应再加抽查 3%,其 90%(数量)达到标准仍算合格;如检验数 10%以上达不到标准,则全部预制品应按不合格产品处理。

    4 设备和主要器材检验的结果和问题处理结果应有记录,并归档保存。

11.2.2 工程检验项目除应包括现行上海市工程建设规范《住宅区和住宅建筑通信配套工程技术标准》DG/TJ 08—606"工程验收"章节所列的常规检验项目外,还应包含表 11.2.2 所列项目,检验结果应作为工程竣工资料的组成部分。

表 11.2.2　隐蔽化改造工程检验项目内容及标准

序号	项目	内容	标准	检验方式
1	地下通信管道铺设	1. MPVC-T 塑料管包封	C15 级混凝土全包封,厚度 50 mm	随工检查隐蔽签证
		2. 引上管明敷	1) 位置、材料规格符合设计要求; 2) 同一引上点不宜超过 5 根; 3) 杆上安装每隔 500 mm 用 Φ4.0 mm 铁线绑扎	随工检查

序号	项目	内容	标准	检验方式
1	地下通信管道铺设	3. 引上管暗敷	1) 距引上管两端 300 mm～500 mm 处固定,高度大于 2 m 时每隔 500 mm 加设固定点; 2) 进入同一箱体超过 1 根时,管间距不应小于 15 mm	随工检查隐蔽签证
		4. 引入管	1) 位置、数量、孔径、规格程式符合设计要求	随工检查隐蔽签证
			2) 进入建筑物侧应做长度为 2 400 mm 的水泥地板基础和全包封	随工检查隐蔽签证
			3) 与其他进入建筑物的管线最小净距符合 GB 50373 要求	随工检查隐蔽签证
2	人(手)孔	1. 砖	符合设计要求	施工前检查
		2. 人(手)孔盖	应有明显产权标识或者共建标识	施工前检查
		3. 型号规格、设置位置	符合设计要求	随工检查
		4. 手孔深度	接头手孔深度不小于 0.6 m,非接头手孔深度不小于 0.3 m	随工检查
3	明管、线槽	1. 路由、规格	符合设计要求	竣工验收
		2. 与电力电缆、其他管线最小间距要求	符合表 7.1.9 和表 7.1.10 要求	随工检查
		3. 线槽穿越墙体、楼板时的保护	符合设计要求	竣工验收

续表11.2.2

序号	项目	内容	标准	检验方式
3	明管、线槽	4. 线槽安装高度	符合设计要求	竣工验收
		5. 线槽固定或支撑点	1) 沿墙订固:直线段金属线槽 1 处/3 m,塑料线槽 1 处/1 m; 2) 托臂和吊挂:1 处/1 m~2 m; 3) 距线槽终点 0.5 m 处; 4) 转弯处	竣工验收
		6. 线槽直线段平直度、垂直度	—	竣工验收
		7. 明管管卡间距	1) 距终端、转弯中点、配件、光分路箱边缘 100 mm~300 mm; 2) 直线段满足表 10.4.6 要求	竣工验收
		8. 管路弯曲	1) 每一段内弯曲不超过 2 次; 2) 不应有 S 弯; 3) 弯曲半径: $>10D$ $(D\geqslant25$ mm$)$ $>6D$ $(D<25$ mm$)$	竣工验收
		9. 终端箱、过路箱安装	1) 安装高度符合设计要求; 2) 明装箱体固定良好,四周边缘紧贴墙面; 3) 壁嵌箱体符合表 10.4.14 要求	竣工验收
4	落地箱体基础砌筑	1. 位置、尺寸、预埋件及砌筑工艺	符合设计要求	随工检查*

序号	项目	内容	标准	检验方式
4	落地箱体基础砌筑	2. 引上管进入基础	应一字形排列	随工检查*
		3. 预埋接地体	接地电阻不应大于 10 Ω	
		4. 基础高出地表部分	1）形状应为梯形，离地高度应为 150 mm； 2）颜色与箱体一致	随工检查
5	室外落地光缆交接箱安装		符合 DG/TJ 08—606 的要求	随工检查*
6	光分路箱和光缆接头箱安装	1. 规格、数量、外观、内部功能分区	符合设计要求	施工前检查
		2. 安装位置、安装工艺	符合设计要求	随工检查
		3. 挂墙安装高度	1）外墙：箱体底边距地坪≥2.0 m； 2）室内：箱体底边距本层地坪≥1.5 m； 3）多层电信间：箱体底边距地坪宜为 0.3 m	随工检查*
		4. 接地	符合设计要求	
		5. 箱体标识	共享型箱体应有相应的共享标识，独享型箱体应有相应运营商企业标识	随工检查
7	线缆布放要求	1. 引上管内子管穿放	1）子管应伸出引上管端口不小于 300 mm； 2）管口应封堵	随工检查
		2. 架空杆引上线缆	高出引上管端口部分应每隔 500 mm 用扎线与杆体绑扎固定	随工检查

续表11.2.2

序号	项目	内容	标准	检验方式
7	线缆布放要求	3. 架空杆路接地	满足 GB 51158 的要求	随工检查*
		4. 墙壁线缆敷设高度	满足 GB 51158 的要求	随工检查*
		5. 管槽线缆	1）线槽内电缆应与蝶形引入光缆分槽位敷设； 2）同管槽敷设线缆时,蝶形光缆应最后敷设； 3）线缆在管槽内不得有接头； 4）线缆在管槽内的固定： 进出管槽处； 转弯处； 直线段:垂直时 1 处/m,水平时 1 处/5 m～10 m,吸顶时 1 处/m	随工检查*
		6. 线缆标识牌	1）子管与线缆交接处； 2）线缆终端处； 3）架空线缆直线段每 5 杆档及转弯、接头、终端杆处； 4）挂墙线路钢绞线终端处	随工检查
8	移动通信设备安装	设备型号、安装位置	符合设计要求	竣工验收
9	馈线敷设	1. 馈线选型及布放	符合设计要求	竣工验收
		2. 曲率半径	符合设计要求	随工检查
		3. 敷设质量	平稳、均匀牢固、横平竖直	随工检查
		4. 防水密封	处理良好,接头部位密封处理良好	随工检查*
		5. 接地处理	符合设计要求	随工检查*

序号	项目	内容	标准	检验方式
10	移动通信系统验收	1. 接通率	覆盖区内90％的位置、99％的时间可接入网络	竣工验收*
		2. 语音业务掉话率	2％～5％	竣工验收*
		3. 数据业务掉线率	2％～5％	竣工验收*
11	光缆测试验收	1. 每芯接头双向衰耗平均值	1) 单纤≤0.08 dB/芯·点； 2) 带状光纤≤0.2 dB/（芯·点）	竣工验收*
		2. 光纤链路测试方法和链路衰耗规定	符合DG/TJ 08—606的要求	竣工验收*

注:检验方式一栏中,带有"＊"条款的项目,是必须检验的项目。

12   维护要求

12.1   一般规定

12.1.1   信息通信设施的日常维护项目及巡检周期应遵照设施权属单位以及本市的相关规定。除应做好日常巡检、维护以外，还应结合季节与气候变化，在雷雨、台风等恶劣天气到来之前针对易受气候变化影响的路段或关键部位进行重点巡查、预先加固防护。

12.1.2   维护工作应确保各类通信设施状态完好，各类标识完好，字迹清晰无错漏。

12.1.3   对巡检时发现的管道、线缆沿线区域或住宅小区内存在的可能危及设备、管线安全的施工、事故处理或其他各类活动，应及时上报并予以盯防。

12.1.4   网络基础数据的维护应结合割接、日常巡检、维护及抢修等项目进行。如有数据变更，维护单位应在相应项目实施完成后的 3 个工作日内完成竣工资料的修改和资源库的数据更新。

12.2   设备维护要求

12.2.1   应检查并确保配线设施的总接地线及配线设施内所有接地连接线均保持良好连接。

12.2.2   应检查并确保配线设施箱体的孔洞封堵完好、严密。

12.2.3   应检查并确保配线设施内配线模块固定良好，配线模块框的盖板完好且处于正常关闭状态；配线模块空余端口上的防尘帽齐全、完好。

12.2.4 应检查并确保配线设施内光缆熔接盘、盘纤盒固定牢固,盖板完好。

12.2.5 应检查并确保配线设施箱号标识、箱内信息卡片、线缆吊牌等完好,字迹清晰无错漏。

12.2.6 微基站维护应包括下列内容:

    1 宜通过监控系统对微基站设备运行情况进行 24 h 监控管理。

    2 应检查安装微基站设备杆件的防雷接地、构件的安全性能,包括杆件的锈蚀、裂缝等情况。

12.3 管道及线缆维护要求

12.3.1 应维护工作中遇有使用管孔情况的,应按"先下后上、先两侧后中间"的顺序使用。

12.3.2 应检查并确保人(手)孔内孔洞封堵完好、严密,无杂物;未使用的子管管口封堵完好、严密。

12.3.3 应检查并确保人(手)孔内管孔现场占用情况与资料信息一致性的核对检查,确保一致。

12.3.4 应检查并实施整治,确保人(手)孔内光缆及相应分支接头设施的安全保护措施完好,绑扎固定牢固、规范。

12.3.5 应检查并确保光缆光纤的运行情况正常、完好,确保空余光纤处于正常备用状态。

12.3.6 应检查并确保配线设施内光、电缆应固定良好,所有尾(跳)纤应走线整齐、绑扎规范,保持自然顺直、无扭绞现象。

12.3.7 应检查并确保管道人(手)孔内光缆接头固定在人(手)孔壁上方的接头盒托架上,接头余缆紧贴人孔搁架、固定良好,光缆和接头盒上无明显污垢,光缆的外护层及接头盒应无腐蚀、损坏或变形等异常情况。

12.3.8 应检查并确保备用的、未跳接使用的尾(跳)纤应保持防尘帽齐全、完好。

12.4 巡检要求

12.4.1 配线设施的巡检应包括下列内容：

1 配线设施应保持内、外观整洁，箱体内无异物。

2 配线设施应无明显变形、破损，固定情况应保持良好；配线设施门应良好关闭，门锁安全有效。

3 配线设施的总接地线及配线设施内所有接地连接线均应保持良好连接。

4 落地安装箱体的基础表面应光滑平整、无开裂。

5 配线设施内不得有未经许可的光缆、光分路器、跳纤、入户光缆、子管等设施接入。

12.4.2 管道及线缆巡检应包括下列内容：

1 管道沿线路面应无严重坑洼现象、无管道裸露等情况，管道上方无杂草、杂物和施工隐患，人井周围无沉陷、破损。

2 人（手）孔盖应完好，应无破损、无杂物堆放、无井围升高或回低情况，人（手）孔编号应清晰。

3 人手孔表面应与地面持平。

4 人（手）孔、配线管网内不得有未经许可的子管、光缆接入。

12.4.3 微基站巡检应包括基站环境、主设备、配套设备、天馈系统等，并应包括下列内容：

1 微基站收发信机功率、频率及天馈驻波比指标，每年应检测不少于1次。

2 应定期对安装微基站设备的水泥杆、路灯杆、监控杆、建筑屋面或墙面等建筑资源设施进行预防性维护检修和故障检查处理。

3 应定期对微基站消防、防盗及防水情况进行检查，排除火灾、盗窃、水灾隐患,检查不合格的应立即更换。

12.4.4 巡检周期应符合下列规定:

    1 巡检周期应按照实际的维护需求,区分网元的重要级别和所处场景,科学合理设定。

    2 配线设施、ODF 架和人(手)孔的维护周期起止时间应根据最新到现场时间动态调整,即对于在维护周期内因专项巡检、处理故障随工巡检等原因进入现场进行过巡检的项目,其巡检周期自此时间点向后顺延 1 个维护周期,本维护周期内不再进行专门的现场巡检。

12.5 抢修要求

12.5.1 故障的抢修应符合"先抢通、后修复"的原则。

12.5.2 故障抢修应按网络层次优先级先抢通重要性级别高的网络。影响业务的故障应优先抢通中断业务,再修复其他链路。

12.5.3 抢修工作应符合相关的维护、施工规范要求。

12.5.4 故障网络经抢通后,应待链路传输指标恢复正常、系统倒换结束,方可确认抢通。

12.5.5 应监视微基站告警状态,并及时处理影响通信服务的紧急或严重告警。

附录 A 线槽安装方式示意图

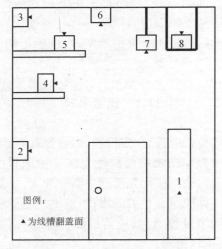

1~3—贴墙安装;4,5—支撑安装;6—吸顶安装;7,8—吊挂安装

图 A 线槽安装方式示意图

本标准用词说明

1 为了便于在执行本标准条文时区别对待,对要求严格程度不同的用词说明如下:

1)表示很严格,非这样做不可的用词:

正面词用"必须";

反面词用"严禁"。

2)表示严格,在正常情况下均应这样做的用词:

正面词用"应";

反面词用"不应"或"不得"。

3)表示允许稍有选择,在条件许可时,首先应这样做的用词:

正面词用"宜";

反面词用"不宜"。

4)表示有选择,在一定条件下可以这样做的用词,采用"可"。

2 标准中应按其他有关标准、规范执行时,写法为"应符合……规定"或"应按……执行"。

引用标准名录

1 《检查井盖》GB/T 23858

2 《城市工程管线综合规划规定》GB 50289

3 《综合布线系统工程设计规范》GB 50311

4 《综合布线系统工程验收规范》GB/T 50312

5 《通信管道与通道工程设计标准》GB 50373

6 《通信管道工程施工及验收标准》GB/T 50374

7 《通信局（站）防雷与接地工程设计规范》GB 50689

8 《住宅区和住宅建筑内光纤到户通信设施工程施工及验收规范》GB 50847

9 《通信线路工程设计规范》GB 51158

10 《通信线路工程验收规范》GB 51171

11 《通信电源设备安装工程验收规范》GB 51199

12 《数字蜂窝移动通信网 LTE 工程技术标准》GB/T 51278

13 《电磁环境控制限值》GB 8702

14 《难燃绝缘聚氯乙烯电线槽及配件》QB/T 1614

15 《光纤活动连接器》YD/T 1272

16 《光缆分纤箱》YD/T 2150

17 《无线通信室内信号分布系统 第 6 部分：网络验收方法》YD/T 2740.6

18 《通信基站电磁辐射管理技术要求》YD/T 3026

19 《共建共享的电信基础设施维护技术要求》YD/T 3113

20 《通信工程建设环境保护技术暂行规定》YD 5039

21 《通信管道横断面图集》YD/T 5162

22 《数字蜂窝移动通信网 TD‐LTE 无线网工程验收暂行规定》YD/T 5217

23 《通信设施拆除安全暂行规定》YD 5221

24 《数字蜂窝移动通信网 LTE FDD 无线网工程验收规范》YD/T 5225

25 《移动通信基站工程技术规范》YD/T 5230

26 《数字蜂窝移动通信网 LTE 微基站工程技术规范》YD/T 5245

27 《住宅区和住宅建筑通信配套工程技术标准》DG/TJ 08—606

28 《移动通信基站塔(杆)、机房及配套设施建设标准》DG/TJ 08—2301

上海市工程建设规范

信息通信架空线缆隐蔽化改造工程技术标准

DG/TJ 08—2404—2022
J 16417—2022

条 文 说 明

2023 上海

目　次

Contents

1 总　则

1.0.3 因行业分工及技术、管理等因素,本标准未将有线电视系统及智能建筑中设备监控、火灾报警、安全防范等系统的隐蔽化改造纳入其中。本标准中的管网及缆线数量仅能满足固定宽带、移动通信等常规的通信接入需求,并在地下管道、楼内外管槽的容量上为有线电视系统隐蔽化改造预留了布线空间。

1.0.4 与本标准相关的国家、行业和上海市现行标准、规范有:《通信管道与通道工程技术标准》GB 50373、《通信管道工程施工及验收标准》GB/T 50374、《通信线路工程设计规范》GB 51158、《通信线路工程验收规范》GB 51171、《通信电源设备安装工程验收规范》GB 51199、《电磁环境控制限值》GB 8702、《住宅区和住宅建筑内光纤到户通信设施工程施工及验收规范》GB 50847、《数字蜂窝移动通信网 LTE 工程技术标准》GB/T 51278、《综合布线系统工程设计规范》GB 50311、《综合布线系统工程验收规范》GB/T 50312、《通信局(站)防雷与接地工程设计规范》GB 50689、《移动通信基站工程技术规范》YD/T 5230、《数字蜂窝移动通信网 LTE 微基站工程技术规范》YD/T 5245、《通信工程建设环境保护技术暂行规定》YD 5039、《通信基站电磁辐射管理技术要求》YD/T 3026、《共建共享的电信基础设施维护技术要求》YD/T 3113、《数字蜂窝移动通信网 LTE FDD 无线网工程验收规范》YD/T 5225、《数字蜂窝移动通信网 TD-LTE 无线网工程验收暂行规定》YD/T 5217、《住宅区和住宅建筑通信配套工程技术标准》DG/TJ 08—606、《移动通信基站塔(杆)、机房及配套设施建设标准》DG/TJ 08—2301。

3 基本规定

3.0.8 统一采用二级分光是为了令光分路箱及管槽系统有可能共用,提高设施共享率,从而减少箱体、管槽的数量。

3.0.9 有条件的线路先优化合并再入地,可以减少对地下管道管孔的占用,有效控制管群规模,节约地下空间。

4 路由规划

4.1 线路路由规划

4.1.5 远期信息通信发展需求既包括目前信息通信网尚未覆盖到的用户,还包括未来技术发展后可能增加的范围。

4.2 管道路由选线勘测及路由规划

4.2.1,4.2.2 选线勘测阶段需要全面收集工程范围及周边影响范围内的相关信息,以供设计、施工阶段采取针对性措施,确保工程项目实施阶段的本体及周边环境安全。

4.2.3 选线勘测需查明的内容应满足设计及施工需要,针对施工区域工程地质、水文地质情况,确定勘测内容。对于涉及长度大于 200 m 的定向钻进的管道工程,需要重点查明其钻进过程中可能遇到的地质条件情况,供设计、施工阶段制订针对性措施。

4.2.6 由于城市道路交通流量增长迅速,道路下管线分布密集,有时可能存在一定数量的构筑物,下穿道路的管线施工涉及方方面面的协调工作,施工成本高、施工风险大,因而在过路管施工时,应充分考虑远期发展预期,进行合理的预埋。

5 架空线缆隐蔽化改造设计

5.2 配线设施的设置及选型

5.2.3 小区光缆交接箱设置在光缆区域覆盖中心是为了便于光缆从光缆交接箱出来后分散走线,从而减少线缆敷设长度、节约管孔资源。光缆交接箱周边 1.5 m 范围内应无影响通行的障碍物,是为了保障维护通道的畅通。

5.2.4 挂墙的光缆交接箱安装在引上管正上方是为满足进出交接箱的光缆隐蔽化敷设的需求。

5.2.7 小区道路边的箱体底部喷涂反光标志条为提示夜间在小区行驶的车辆,避免撞击箱体。

5.2.11 构成组合箱体的单元箱数超过 3 个时,箱体尺寸过大,对楼道空间要求高,难以实施安装。故箱体所辖用户数超过 24 户时建议将该箱拆分,分不同楼层安装。

5.4 小区信息通信线缆隐蔽化改造

5.4.2 配线光缆容量按远期需求配置是为了避免改造完成后因扩容需要额外占用地下管孔、建筑管槽资源。

5.4.6 因为蝶形引入光缆的机械性能较弱,有线电视、监控等的电缆需要与其他运营商的蝶形引入光缆分槽位敷设,以便于在施工和维护期间保护蝶形引入光缆的安全。

5.4.7 光缆接头盒不建议过多集中在同一人(手)孔内是为了防止今后维护时影响其他运营商的光缆安全。

6 信息通信管道设计

6.1 路由、管位和段长的确定

6.1.1 信息通信管道与同时在建的综合管道或其他有互通需求的通信管道的设计、施工可能有先后,上述管道的设计、施工单位之间应保持密切沟通,确保管道之间沟通管路的设计、施工不遗漏。施工时,通常由后施工的单位负责敷设沟通管与已建管道的人(手)孔沟通。

6.1.5 为了满足用户接入、城市信息化需求及与综合杆配套管道的沟通需求,信息通信管道的段长不宜过长。

6.3 人(手)孔设置

6.3.8 驻地网管道人(手)孔盖框形状有方形和圆形两种,一般承载等级为 B125 及以下的采用方形盖框,B125 以上的采用圆形盖框。

6.3.12 人(手)孔盖框可通过增加装饰涂层、更换颜色、定制等方式与路面环境融合,从而满足景观化的要求,但不得影响其机械性能。

7 明敷通信管槽系统设计

7.1 管槽系统设计

7.1.5 尽可能减少室外管槽敷设长度是为避免破坏建筑外立面的美观。

7.1.11,7.1.12 采用过墙/楼层保护管是为了保护线缆在穿越墙体/楼板敷设时损伤,且便于实施消防封堵。

7.2 管槽要求

7.2.1 塑料线槽外形应选择矩形,且应符合下列规定:

　　4 线槽盖板具备可翻转开启功能,是为保障施工、维护单位先后多次敷设和维护入户线缆时盖板不致丢失,可有效保护槽内线缆。

　　5 为适应楼道内外复杂的走线路由环境,转弯角度一般有90°平弯、内立弯、外立弯、135°弯等。

8 住宅小区移动通信室外覆盖增强系统隐蔽化改造设计

8.1 隐蔽化改造原则

8.1.6 目前本市小区移动通信覆盖除宏站以外，覆盖手段主要有室内分布系统、室外 MDAS 系统、室外馈线分布系统、小区综合立杆、草坪景观化天线、楼顶微站等，其中室外分布系统涉及线缆隐蔽化改造。

8.1.8 本市各类住宅小区移动通信覆盖常用方式由表 8.1.8 给出，其中分布式微站、微站挂壁径向覆盖、室内覆盖系统等需要小区信息系统及配套资源预留。

8.2 隐蔽化改造技术要求

8.2.2 已有室外分布系统改造设计应符合下列要求：

　　4 现行上海市工程建设规范《住宅区和住宅建筑通信配套工程技术标准》DG/TJ 08—606 中规定：新建住宅区移动通信覆盖范围应包括住户及物业办公用房室内、室外公共区域、电梯、无电梯建筑楼的楼梯、地下公共建筑区域等，应满足覆盖区内移动终端在 90％的位置、99％的时间可接入网络。

10 施工要求

10.1 一般规定

10.1.1 架空线缆隐蔽化改造施工应遵循的先后顺序主要出于确保信息通信网络安全、施工人员安全和用户业务不中断的目的。

10.6 信息通信线缆布放要求

10.6.3 通信线缆在管道内敷设按设计或权属单位预先分配的位置是为了便于资源核对以及后续使用和维护抢修时快速识别寻找。管孔使用顺序"先下后上、先两侧后中间"是为在井下留出足够的空间便于后续线缆扩容时施工人员井下操作。线缆在各相邻管道段所占用的孔位相对一致,可以避免线缆在人孔中频繁与其他线缆交叉。

10.6.8 通信线缆在管槽敷设计应符合下列规定

　　2~4 蝶形引入光缆结构简单、尺寸小,机械性能显著低于常规光(电)缆。蝶形引入光缆在管孔、线槽内与其他光缆分管孔、分槽位敷设是为保障蝶形光缆的安全。同管槽敷设时,蝶形引入光缆最后敷设是为防止其他光(电)缆敷设时损坏已敷设的蝶形引入光缆。

10.7 光缆测试

10.7.5 入户光缆仅测试通断状态。

12 维护要求

12.1 一般规定

12.1.2 通信设施标识通常包括：配线设施箱体标识、箱号、箱内光(电)缆信息；线缆吊牌；人(手)孔井号；标石、宣传牌、警示牌等。

12.5 抢修要求

12.5.1 "先抢通、后修复"是为了将因故障导致的业务中断时间缩至最短，从而尽可能降低故障对通信业务的影响。

12.5.2 通信网络层次按重要性高低顺序一般为：一级干线→二级干线→城域核心→城域汇聚→接入网→驻地网。